三三见久

——新1039服务手册

王为 武军 林贺 著

人民交通出版社
China Communications Press

图书在版编目（CIP）数据

三三见久——新1039服务手册/王为，武军，林贺著.
北京：人民交通出版社，2009.11
ISBN 978-7-114-08045-6

I. 三… II. ①王…②武…③林… III. 交通图—北京市—地图集 IV.F512.99-64

中国版本图书馆CIP数据核字（2009）第199131号

书　　名：三三见久--新1039服务手册
著 作 者：王 为　武 军　林 贺
责任编辑：曾 嘉
出　　版：人民交通出版社
地　　址：（100011）北京市朝阳区安定门外外馆斜街3号
网　　址：http://www.ccpress.com.cn
发　　行：北京知道文化传播有限公司
发行电话：59282925
鸣　　谢：万车网提供汽车图片
印　　刷：小森印刷（北京）有限公司
开　　本：787×1092　1/16
印　　张：13.5
字　　数：112千
版　　次：2009年11月　第1版
印　　次：2009年11月　第1次印刷
书　　号：ISBN　978-7-114-08045-6
定　　价：39.00元

1039交通服务热线合影
（左起：武军、王为、林贺）

王 为

▲王为演唱《有一下下想你》

王为在朝阳商务车展

王为

王为

王为演唱：《深呼吸》

王为在捷克卡洛维发利

王为在伦敦

王为：我酒量不行，饮料代替

友福 YOURFRIEND 汽车生活馆 精品店

武 军

武 军

武军相声培训班结业汇报演出

武军主持《经济大观》

武军在直播间

1998–1999年，一汽–大众A级服务站；
2000年，一汽–大众A级服务站金奖；
2001年，一汽–大众A级特许经销商；
2002年，一汽集团最佳服务商奖；一汽–大众A级特许经销商；一汽–大众营销业绩奖；
2003年，一汽–大众原装备件贡献奖；一汽–大众最佳顾客满意度奖；一汽–大众最佳服务业务奖；
2004年，一汽集团最佳服务商奖；一汽–大众最佳服务商奖；一汽–大众备件贡献奖；
2005年，一汽集团最佳服务商奖；一汽–大众最佳服务商奖；一汽–大众营销业绩奖；
2006年，一汽集团最佳服务商奖；一汽–大众最佳服务商奖；一汽–大众最佳技术管理奖；
2007年，一汽–大众最佳技术管理奖；一汽–大众原装备件贡献奖；经销商培训管理一等奖；一汽–大众服务品牌推广特殊贡献奖；
2008年，夺得销售和服务“世界级客户体验”认证的卓越经销商双奖杯，并连续多年被北京市工商行政管理局评定为守信企业。

北京庆洋汽车服务有限公司总经理张忠林

张总1971年初中毕业后被分配到北京市汽车修理公司工作，后调入北京市交通学校任交通学校汽车修理厂厂长。1997年张忠林先生来到北京庆洋汽车服务有限公司担任总经理职务至今。张总为人朴素耿直，作为一名中共党员他曾多次荣获北京市修理公司优秀党员、北京市交通局优秀党员的光荣称号。在汽修行业，张总以他深厚的专业功底和良好的业内口碑，使北京庆洋公司由小到大，逐步发展成为北京市汽修行业的知名企业。2000年凭借对捷达车型的维修技术优势，庆洋公司每天的维修量达到一百多台，广大用户亲切的地称呼张总为“张捷达”。在北京交通广播电台的‘修车服务热线’栏目创立之初，一汽–大众公司的领导和交通台领导一起力邀张总作为汽修专家出任该直播节目的嘉宾主持。通过电波，广大捷达车用户与张总亲切交流购车、修车、用车的所有经验，张总通过自己的专业经验，从用户的角度出发，为用户的爱车开出了一个个对症良方，既解决了大家的问题，又尽量为客户省钱，随着一个个经典案例深入人心，节目火了，交通台也火了，庆洋的生意更火了，“张捷达”的美誉名震京城。但是张总一直保持着清醒的头脑，一直没有放松对自己的严格要求，从没有停止过业务技术上的钻研和摸索。在他的带领下，庆洋公司诞生了一支优秀的维修技术团队，他们凭借执著的钻研精神和精湛的维修技巧，不断进行技术创新，不仅为广大用户解决车辆故障，而且也为一汽–大众车辆的维修摸索出了许多宝贵的经验。张总常在公司内部说一句话：“养成一个好习惯，刻苦钻研一门业务知识，带出一批合格的接班人。”这句话所说的一切，既成为张总的一种工作乐趣，也成为他不断追求的人生目标！

北京庆洋汽车服务有限公司
COMPANY PROFILE

北京庆洋汽车服务有限公司是一家股份制企业，注册资本2000万元，北京市一类维修企业，华北区域一汽–大众优秀特许经销商之一，现有菜户营、花乡两处经营场所，经营总面积达20,000多平方米，拥有举升机工位近80个，日维修能力达到300多台；现拥有一汽–大众大众品牌用户群体总数超过30,000名，新车年销售量3837台，年维修总量80,000多台次，是一汽–大众服务网络中用户保有量和年维修量全国总冠军，连续多年原装备件订货全国第一。

1999年公司投资500万元成立了北京庆洋自动变速箱维修中心，成为一汽–大众指定O1M自动变速箱维修、翻新定点单位。维修中心具有丰富的自动变速箱故障诊断与维修经验，备件齐全。承揽各类轿车自动变速箱的维修业务、变矩器翻新业务，销售各种变速箱总成和零配件，代订急件，并提供远程电话技术支持服务。

2000年成立了北京庆洋拉力车队，自主改装赛车参赛，相继参加了多年的全国汽车拉力赛，2008年全国拉力锦标赛年度车队总冠军、车手冠亚军及年度厂商杯冠军，2009全国汽车拉力锦标赛第1站江宁站国家杯组冠季军、厂商杯冠军，第2站北京站国家杯2.0L组冠亚季军、厂商杯冠军。

2003年8月18日，由北京庆洋汽车服务有限公司投资、与一汽–大众汽车有限公司合作建成的全国第一所标准售后服务培训中心在北京庆洋花乡站正式投入使用，培训中心占地4000多平方米，拥有先进完备的多媒体网络教学设施及专用工具、设备，承担着一汽–大众营销服务网络成员的各项培训工作。

2005年9月28日，北京庆洋下属的全资子公司–北京安洋伟业汽车科技有限公司被正式授权为奥迪服务特许经销商。公司拥有整套德国奥迪原装维修检测设备与仪器，从业人员中大专及大专以上学历人员占80%以上，均接受了德国奥迪专业技能培训，可为奥迪A4系列、A6系列、A6L系列以及各种进口奥迪系列车型提供快捷、高质高效的售后养护服务，拥有5000平方米机电维修车间，同时具有A8铝车身工位、车身校正仪3台、名牌烤漆房3个、专用钣金工位6个。是中共中央直属机关、全国人大机关、北京市政府行政用车指定维修单位。

林 贺

在节目中
（左起：武军、林贺）

左起：武军、林贺

林贺2005年深入云南采访，拍摄当地人情风光，对自己的摄影水平还不是很满意

功夫小子来了

这里是中蒙边境线

林贺：泸沽湖是个好地方
那里唯一剩下的就是宁静
连快门的声音都有些嘈杂

▲左起：武军、王为

武军、林贺在研究什么

林贺：小的时候最流行组合柜，我的童年还

林贺与武军

这里只有
天地和林贺
地点在我国最南端的岛上

▲左起：武军、王为、林贺

▲左起：武军、林贺、王为

群口相声：王为、林贺、王一、孟洋、盛博《1039五官争功》

北京市旧机动车交易市场介绍

北京市旧机动交易市场成立于1985年，现坐落在南四环花乡桥西北，占地500亩，进驻商户500余家，是全国最大的汽车交易市场之一，也是北京地区二手车交易的主要集散地。

北京市旧机动车交易市场在不断发展中创造了2SC服务品牌，同时也在行业内树立了“2SC服务模式”的口碑，形成了现代化二手车流通服务体系。

“科学高效的一站式服务”

传统的二手车交易涉及到的车辆手续较多，流程复杂，因此在办理过户手续的时候市场采取了一站式服务，提高了交易效率。在过户过程中采取数据电子化传输，用户在车辆合法性检验、交易信息填写、用户数据变更、交易合同审核、车辆牌照变更等方面由电子数据传输取代了传统的手动传输，用户的等待时间大大缩短。目前，涉及到二手车交易的所有过户服务在市场目前都可以一站办理。

“365天的免费车展”

北京市旧机动车交易市场目前进驻新、旧车商户500余家，日常库存新、旧商品车10000辆以上，涵盖了目前国内所有知名品牌，诸如劳斯莱斯、宾利、法拉利、奔驰、宝马、奥迪等产品，此外市场内还进驻了博瑞进口车中心、国产新车交易中心、中国进口汽车贸易中心真容二手车、北星行奔驰4S店、一汽丰田北京二手车服务中心、东风日产北京二手车中心、路虎北京二手车中心等行业内知名企业，年均交易量超过20万辆，每天客流量超过15000人，不仅满足了北京地区二手车消费需求，同时更是辐射华北、东北、西北、华南的国内重要的二手车集散地和交易中心，是全国二手车交易的“晴雨表”。

“24小时庞大网络市场”

北京市旧机动车交易市场不仅在传统的实体市场有着得天独厚的优势，同时更是国内最早建立网络平台搭建网络市场的企业之一。在二手车交易越来越发达的今天，对于信息的需求日益增长，因此早在2000年市场就建立了www.2sc.com.cn 北京旧车交易网，该网站实现了实时车辆交易信息查询、车型数据查询、二手车公司查询、车辆网络拍卖、在线论坛等多种实际功能，成为最早的实用性二手车网站。

2008年在国家商务部的支持和中国汽车流通协会的帮助下，北京市旧机动车交易市场建立了www.2sc.cn中国二手车信息网，在原有的平台基础上实现了全国省市的二手车市场经销商、车辆信息共享，目前形成了20余个城市、近千家二手车公司，每日数万辆二手车交易信息。该网络采用国际先进的多平台交互方式，实现了车辆在网络的同步拍卖、电子支付、数据信息查询等功能，将在未来几年成为国内二手车交易的重要B2B和B2C服务平台。

“即时高效的拍卖服务”

二手车拍卖是一种国际流行的二手车处理方式，这种方式既能够满足出售车辆用户对于车辆价值的“高要求”，同时为广大的中间商提供了稳定的商品车来源，形成了良好的流通渠道。为了能够满足日常用户出售二手车业务的需求，在市场入口处提供了二手车即时拍卖业务，用户只需将车辆开到指定地点，由专业评估师进行免费鉴定评估，根据用户要求制定起拍价格，由市场内数百家商户通过计算机互联网进行竞价，由市场担保的方式提高了交易的安全性和高效性，做到了随时来车随时拍卖，用户权益得到保障。

对于大批量车辆的拍卖，由北京中古拍卖公司进行组织，可以采取现场拍卖方式、互联网方式、电子竞价器方式。拥有占地3600平方米的现代化拍卖大厅，可以实现全国互联网拍卖业务，确保委托方和竞买方利益最大化。

“用户保障和诚信体系”

二手车交易中用户最担心的就是买到事故车，诚信是二手车行业的立业之本，北京市旧机动车交易市场一直秉承着“诚信为本，科学保障”的原则来规范行业发展，引导商户经营。

市场采取市场管理与商户自律管理相结合的方式对商户进行诚信方面的规范，要求经营者必须如实反映车辆状况，确保用户权益，比如车辆事故状况、里程表是否真实等问题。同时还承诺对手续有问题的车辆由市场先行赔付，确保用户的权益得到保护。正是由于诚信体系的建立和发展，才让今天的花乡市场越来越红火。

“满足用户多元化的细分服务”

市场的规模越来越大，消费者的需求也同样不断增长，因此尽可能地满足用户多元化需求是目前市场发展的一个方向。

因此市场在多元化方面进行了不断升级，市场具有容纳500人以上的餐厅、购物免费班车和自驾电瓶车、免费用户杂志等。

此外在专业服务方面，市场建立的中古评估公司是目前国内知名的二手车评估价值机构，成为北京市政府国有资产车辆评估指定服务单位，年评估车辆3000辆以上。为了满足用户的需求，市场还推出了车辆牌照邮寄服务，车辆档案异地办理，汽车分期付款，汽车保险等多项服务。

北京市旧机动车交易市场有限公司
地址：北京市丰台区南四环西路123号
邮政编码：100070
咨询电话：83638888
网址：www.2sc.com.cn

北京市旧机动车交易市场将继续立足北京，服务北京，为北京的广大市民做好服务！

上海大众　北京页川
上海大众　北京页川
SKODA
AUTO
上海大众

目录

林贺

王为

这里，有很多我在节目中总也说不完的“题外话”，有很多大家在短信里总也说不够的“调侃话”，还有更多的，是我们永远不变的——“真心话”。

换种方式与您分享，属于1039服务热线的真诚与感动。

淘气的我

我小时候可不是个省油的灯，要不我妈老说养两个男孩可不容易，身心疲惫，人都老得快了。

上小学的时候我是我们班孩子头，值日打扫卫生，我们 5 个男生把墩布沾湿了互相抡，弄得满楼道满墙都是泥点子，后来把一男生逼到校长室门口，被校长抓获，我们 5 个因此扫了一星期操场。但后来也挺庆幸的，我发现自己的体能和耐力都比同龄的孩子好。上课从来都是坐第一个或者是最后一个，因为总在上课的时候说话，老师特意安排的。给女生身上放毛毛虫，上课用弹弓子互打粉笔，往门上放盆水砸人，从楼上教室的窗户往下倒水，反正什么调皮捣蛋的事我都参与，呵呵。

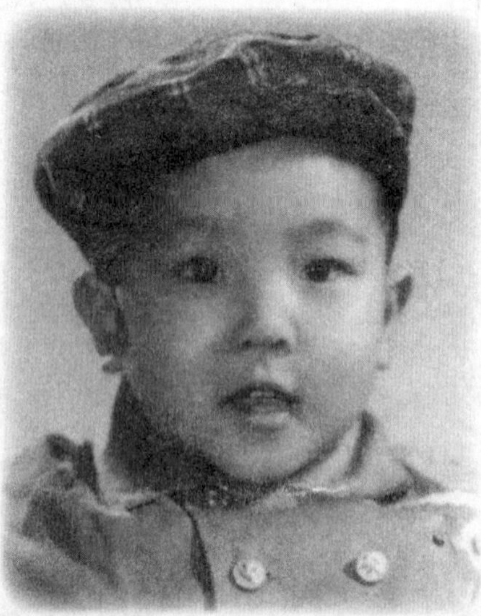

两岁时的我——港仔呀

上学的时候因为比较胖总是仗着身材的优势欺负其他同学，有一次老师急了非说让我叫家长，可是当时我妈出差了，只能我爸来。我吓坏了，知道一场暴风雨是躲不过去了，我老爸气冲冲地到学校跟老师说："他怎么了？"

"是这样的，您知道您的孩子总是欺负其他同学吗？"

"我怎么知道？我每天挺忙的。"

老师当时一愣，觉得可能是家长不太了解情况，就把事情的经过又讲了一遍，然后用一种让我看起来很复杂的表情看着我爸。按我的理解应该是——“明白了吧，你孩子你该管教。”我当时这心跳的不用手捂着就能跳出来，一言不发地低着头根本不敢看我爸，因为我们小时候老怕他了。没想到我爸说：“你是老师吧，不是我吧，把孩子送到学校来就是让你们教育他的对吧，我天天挺忙的，根本没时间管他，你们不教育谁教育？”老师听得直发愣，连连说：“对对对，是有我们的问题，我们会抓紧开展这项工作的，希望您放心。”我心里这个乐呀，老爸一点都没给老师面子。回到家，我还是结结实实挨了一顿暴打，依稀记得当时嘴里说的那几个常说的词：“我不敢了，我肯定改。”第二天上课时屁股都不敢沾座。

爸妈和我

原来的老楼房在二层都有一个雨搭，基本上半米宽两米多长。我们院里的孩子特喜欢玩捉迷藏，有藏楼门里的有藏雨搭上的，我就喜欢藏雨搭上，因为那里不太好被发现。有一次我故伎重演，一翻身熟练地跳出窗外，但是因为用力过猛直接翻楼下去了，落地时成蛤蟆蹲地式，脑门先着的地，不过当时特勇敢，噌的一下我就站了起来，鼻血哗哗地流，怎么擦都止不住，一边哼着《血染的风采》一边去邻居家洗脸，还说呢："没事没事，就是流点鼻血，怎么样厉害吧，嘿嘿，一会儿别跟我们家人，说听见没有。"

小伙伴看着我直发呆："你，你，你要不照照镜子吧，真的。"我当时想都没想，就看了看镜子，真把我吓坏了，我已经不是我了，"毁容"了，脑门是一拳头那么大的包，整个脸是紫茄子色的，用手摸脑门都没什么感觉，鼻血怎么都堵不住，（后来看刘德华演的《旺角卡门》，最后让黑社会用煤气罐砸了头，耳朵鼻子都哗哗流血，我真能理解。亦或是《变脸》的导演就是在我这儿寻找的灵感）。正在这时候我妈回来了，看见我就急了，拉着我就往医院跑，到了医院所有人都看我，对我指指点点，以为外星人来了。大夫见了我就问我妈："这是怎么弄的？这脸都变形了，原来长什么样呀？"

我妈说："呵呵，从楼上摔下来的，孩子小，淘气。"

"你们这些家长都不负责任，多危险哪。来看我手势，这是几？"

"一。"

"这个呢"

"三。"

"一加三等于几？"

"四。"我当时对答如流。

"头晕吗？"

"晕。"

"身上什么地方疼？活动活动试试。"

"身上没什么事。"我当时觉得特勇敢，还特意坚定地看了看我妈，表示让她放心。

"看来没什么事，就是轻微脑震荡。需要在家休息大概一个月，吃点消炎的药，一个月以后来复查。"

我妈带我回家的路上，我一直抓着她的手，她也一直在唠叨，记不清她说了什么，只记得她说回家告诉我爸，让我爸好好管教，吓得我不行。后来我落下一毛病，经常稍不留神就流鼻血，哗哗的，唯一的止血方法就是：仰

头躺着，用湿的冰毛巾敷头，就可以止血，但是缺点是，要忍受之前大口大口咽血。医生说是因为鼻子里的血管太薄，长大了就好了，（到后来上班了年年检查身体，大夫说鼻子里的软骨是歪的）。打那以后我几何特差，也不知道跟这个有没有关系，平面的还可以，立体的根本看不明白题，晕得不行不行的，更别说会不会做了。我妈还喜欢带我一起收水电费，帮她打个下手，收全楼门的（各家轮着来），就没收对过数，总是多一两毛，我都怀疑是邻居成心，呵呵。

小时候还喜欢恶作剧，把人家自行车的气门芯拔了，眼瞅着人家骑着骑着就摔了，乐得前仰后合的；夏天玩滋水枪，自制的胶皮管子那种，灌上水就特粗，滋得大家满院子跑；玩气枪，把对楼二哥家养的鸽子给打死了，吓得都不敢出屋，二哥在楼下骂了一下午街。

上学的时候，特别喜欢玩，只要不让我看书干什么都行。斗蛐蛐，粘知了，抓蜻蜓，蚊帐里是蜻蜓，纱窗上是知了，床下有蛐蛐罐，把我们家弄得跟动物园似的，以至于后来去了动物园，让我大开眼界，还梦想将来当个动物管理员不错。

手机尾号 6531

为子，我们这边小店的酸菜白肉味特地道！有时间过来，你请客！

手机尾号 1232

为子呀为子，我就不说你什么了，上满弦了！

手机尾号 9996

为哥，你那爽朗的声音，阴险的奸笑，都深深地吸引了我。我就是每天都支持你的小赵，上午的“欢乐正前方”和这个“服务热线”都听，支持你。

怕黑

7岁的时候

小时候我胆儿特别的小，有一点风吹草动就吓得不行，经常怀疑床底下有一个人时刻准备把我拽下去，还经常做噩梦，吓醒的时候都惊魂未定的。后来爱听小说了，总想跟现在追星一样，把钟馗贴墙上。不过说也奇怪我还特别喜欢看惊悚悬念和侦破的小说，看来不把自己吓出个好歹来都不算完。瞧我这矛盾的性格！

记得在我 10 岁的时候，那时候我们家有一台 12 英寸小黑白电视，北京牌的，咔咔咔拧着换台的那种，天线可以拽一米多长，打雷打闪都不敢看，怕电视让雷劈了。当时电视台在演一个敌特的侦破电视剧，当时肯定算是恐怖片中的极品，剧中我公安人员把重要的证人安排在医院里看病，因为他有心脏病留院观察，在一个月黑风高下着暴雨的夜晚，敌人穿着漆黑的长身雨衣出现在医院的窗口，看着特像指环王里的魔鬼，面部狰狞，把证人活活吓死了灭口。当时不光证人吓死了我也快吓死了，吓得我直敲邻居的门，好像接下来灭口的就是我。我妈当时在厨房洗脸，看着

我反常的举动都懵了："嘿嘿，你疯了啊！"。打那以后我晚上一个人都不敢上厕所，不能关灯睡觉，不能看见长身的军用雨衣，特别是挂门后头还滴着水的更不行，跟站一活人似的，算是落下病了。我觉得，我自己的这经历，要是配上点儿特诡异的音乐，也是一悬疑剧了。

上小学五年级的时候，我跟我哥一起住，房子是广电部的老房子，三家住一个门里，走廊狭长还没有灯，走廊的尽头是厕所，为了省电，灯光昏暗开着跟没开似的，有时候灯丝还能吱吱地响，其他两家常年没人住，这对我来说是个不小的考验，真练胆。我哥比我大七岁，那时候老半夜出去玩耍。就邪门了，大晚上的能去哪里玩？他要求："我晚上出去玩了可能早晨才回来，所以不要锁门把门掩上就好。"我能说什么呀，还假装特仗义："去吧，我没事，开心点，早回来，别喝太多。"我们家那破门不锁上就会露一条缝，小风一吹吱吱吱地响，这一夜，我躺着不是坐着也不是，煎熬呀。最可怕的是上厕所，要穿过漆黑的走廊，当时我就想这是谁设计的，太不可人疼了，为了给自己壮胆，一般都哼着歌去，哼着歌回，然后用最快的速度把房门关上，心跳加速，都不敢往走廊里面看。最可恨的是邻居家养了一只猫，一闹猫就放厨房里，它的叫声特瘆，还躲在橱柜底下，一双蓝汪汪的眼睛在幽暗的厨房里看着我，苍天呐，这不是成心嘛！

不过现在回想起来胆量和独立的生活能力都是这样练出来的，呵呵，真得谢谢我哥。那句话怎么说来着？"黑夜给了我黑色的眼睛……"

手机尾号 5382

为子，为子你现在练得真贫、少说几句让别人多说点儿。谢了啊！

手机尾号 5229

为子，哥们儿昨天抓了一把清一色超豪捉五，我庄家，一张的，两万多啊。晚上请你吃饭，别客气 。

手机尾号 0681

王为，有人说过你有点郭德纲的范儿么 。

我的广播情缘

我两岁还不会说话，我爸吓坏了，心说不会这孩子脑子有问题吧？开始手把手教，但是也就简单地会叫爸妈。到了两岁半突然有一天能说话了，主要是跟吃有关系的，一说就一串一串的，跟报菜名一样，到后来就开始不停嘴地说，打睁眼就说直到眯眼睡觉，又烦得人不行。后来我妈回忆说还不如不会说话呢，倒是落一清净。

三岁到幼儿园接触到更多的小朋友，会说的就更多了，但是发现居然有跟我说话方法不同的小朋友，这让我很好奇，很快我就学会了他的表达方

◀录制《欢乐正前方》的时候

录音间

式——口吃。又把我爸吓坏了，心说播音员的儿子口吃这不是大笑话吗！又开始手把手地扳，告诉我说什么都先想好了，一字一字慢慢说，不急，实在不行唱着说也行。这是一个好办法，天天我的表达方式就跟唱歌剧似的，别人都以为我的偶像是莎士比亚。说的不如唱的好，这我从小就有深刻的体会。

小时候我超级喜欢听广播，什么时候手边上都有收音机，连上厕所都不放过。几点几点哪个台有评书，哪个台有歌曲，哪个台有录音剪辑，我都门儿清。对播音员的名字如数家珍。当时没有调频广播，广播的收听效果也不好，我真拿着小收音机满屋子找信号。记得上小学的时候，天津台在播关山录的《笑傲江湖》，听得我是如痴如醉，但凡哪天因为信号不好没听全，我都跟被霜打了的茄秧似的，我妈老以为我又要赖不想上学了。有一次放学回家见家里来了客人，爸爸说这是你的偶像关山叔叔，我是又惊又喜，惊的是收音机里的人出来了，不过怎么长成这样呢，一点都不像大侠啊，喜的是还好闭上眼睛听，跟广播里的声一个样。得亏没说出来，要不我爸那脸往哪儿搁啊，呵呵。

当时中央台有一档节目特火，是给学龄前儿童听的《小喇叭》，里面有孙敬修爷爷讲的《西游记》，中央台到幼儿园招小朋友跟孙爷爷一起讲故事，我很幸运地被选中了，其实要做的事情很简单很本色，就是在爷爷身边听他讲《西游记》的故事，时不时地问："为什么呢？""那后来呢？""啊！""真有趣！"……就是一业余捧哏的。因为有四五个小朋友，我根本听不出来哪个是我，但是可以在第一时间听到新鲜的故事，回到幼儿园小伙伴们又众星捧月般围着我，让我告诉他们今天都讲什么了，我再绘声绘色讲给他们听，成就感油然而生。后来在一次录音的时候听说孙爷爷去世了伤心得不行，自认为爷爷的去世跟自己有关，哭了有一个星期。

我们家90年代初有一台索尼双卡录音机，这在当时可是个高档货，四喇叭带低音效果，音质极佳，并且我可以把喜欢的广播节目录下来，或者没时间听也可以预录下来，为此我攒了很多磁带，但是麻烦的是听多了会卷带。有一次暴雨突袭，狂风大作，树枝把电线刮断了，地线火线连上了，整个楼的家用电器只要是插着电源的都被烧了，因为电量太高我心爱的录音机都烧变形了，心疼得我不行。打那以后我爸老说："要不是你天天听它就不会烧了。"

初三时跟父亲在一起

为此很长一段时间都有阴影，不过倒是养成了一个好习惯，人走灯灭，防患于未然。

第一次进中央台棚录音的情景，到现在回想起来依然记忆犹新。棚就在长安街边上的广电部老楼里，房子是俄式建筑，层高将近四米，整个录音棚可以容纳二三百人，在里面说话一点回音都没有，地板和墙上的吸音板都是木质的，上面全是规则的小眼儿，整个屋子里都泛着木头的味道。录音间和导播间用一个双层玻璃隔着，也听不见录音师在说什么。录音设备就是一个开盘机，还有一个大调音台，按钮繁多。第一次在棚里录的是一首儿歌，“蓝蓝的天上白云飘”什么的，录音师让我戴上耳机，听他的安排，我说什么都听不见啊，可能是因为太紧张了，后来才发现原来是耳机戴反了。

手机尾号 7108

为子，再来一遍杀毒消菌！应该是杀菌消毒！你都说错好多回了，这得扣多少钱啊？你们老板。

手机尾号 9999

王为在片花里说那句“呵护你”真传神哎，真传神哎 。

手机尾号 5935

小王同志，你在节目中提玩麻将频率太高，享受指数太爽！值得批评！

手机尾号 5985

为子你是班长！你们班是不是最差的学生当班长啊？

手机尾号 9914

为哥，你在咱昌平人里算能说的了，有礼品么？送兄弟点呗，呵呵 。

第一次上直播

在直播间

1997年实习的时候我是在电视台，还记得当时去面试的时候，电视台领导要求我穿西服打领带，小头儿二八开，去录一段新闻样带，当我字正腔圆地录好后，领导说："不行呀！这孩子太显小，不适合做新闻，可信度太低，去做少儿节目主持人吧。"于是我就去了青少组，这个组人员配置不是很多，大概就五六个人，制片人要求我录节目串词，我问："那服装穿什么？台里给吗？"制片人说："台里可没这个经费，自己买去，要求卡通些的。"这我可犯了难了，卡通些的是什么服装？太蒙太奇了，后经高人指点才明白，就是胸口要有小动物的，看着超可爱的就行。于是我跟我妈转遍了四九城，还专挑儿童柜台，买大号的，记得当时买了两件高领毛衣，一件是胸口有大狗熊的，另一件是胸口有小白兔的，录像的时候灯光一照给我热得汗哗哗地顺着后背往下流。

因为我当时年轻又不惜力，很快就掌握了录像的基本技巧，一般录一周的串词我一小时就能搞定，然后就歇着。我总问制片人："老师还有别的活可以干吗？"

"同学，要多学习！争取当个多面手，去吧，学学非线啦，上个字幕啦，倒个盘啦，年轻人要有点眼力见儿，老休息怎么行哈！"

大一时与父亲合影

"谢谢老师，我明白了。"从此就经常看见一个年轻人在楼里上蹿下跳的，一忙就忙到半夜，有我在可以以一当十，家里的骡子马呀都可以歇着了，呵呵。说真的，当时做电视节目跟现在比太简单了，如果有时间一天能做出一星期的来，更别提什么创意了。大概流程是，先上片头，接着是主持人串词，然后放个十分钟动画片，接着主持人串词，再放个如何教育子女专题片，接着主持人跟大家说拜拜，上字幕完，真的枯燥得都让我想挠墙。原本是可以留在电视台的，但是我最后还是义无反顾地离开了那里来到了交通台，到现在回头想想这个决定还是对的，我的人生也开始了一个新的篇章，我找到一个真正属于我的舞台。

1998 年我到交通台时是主持《欢乐正前方》，当时的节目跟现在有很大的区别，主要是放相声小品歌曲还有有奖问答什么的。原来的主持人徐凯因为要生孩子急需有人顶替，我就从电视台到了这边，不过还是挺佩服我这个孕妇师傅的，她离预产期还有十几天了，依然坚持上节目，坚持站好最后一班岗，当时我就跟徐凯说：“姐呀，给孩子挣奶粉钱呢吧，注意身体。”

“我没事的，放心吧。”

“我都怕你哪天突然就把孩子生在工作岗位上。”

“那多光荣啊，这还算工伤，哈哈哈。”她当了我一周的师傅，教我怎么使用调音台，节目流程是什么，广告机怎么正确使用，跟了她一周基本掌握，临走的时候还记得她跟我说：“弟啊，姐走了，好好上节目，有什么不明白的就问我，加油！我看好你。”

说真的，当时我压力挺大的，台里就给我 3 个月的试用期，行就留下不行走人。我每天晚上在家把稿子写好，连稿子里的“嗯啊呐”都写出来，放的歌算好时间，小品先听一遍，然后睡前熟读 N 遍，可就这样还出错呢。

自己第一次上直播的情景我现在回想起来都忍不住还想笑。10 点正点报时之后，我要先口播 5 分钟新闻。新闻的字是 4 号字，就不知道为什么我拿稿子的手开始出汗，接着就抖了起来，跟患了帕金森似的，抖得稿子都跟着抖，哗啦哗啦的，字也变得看不太清楚了，还串行，前言不搭后语的，5 分钟新闻读完我都没明白自己刚才说过什么。接着是报天气预报，一共就 50 来个字得错 3 处。播节目的时候就更可笑了，跟头天晚上练习时判若两人，一想到台长在听、十几万听众在听我就更紧张了，苍天呐，噩梦什么时候结束啊！就这样磕磕绊绊结束了

荣获金话筒奖的王为在颁奖现场和父亲著名播音员铁城合影

我的“处男播”。这样的劣质直播持续了有一周的时间，最后台长受不了啦，跟我说：“孩子，你没事吧，一个天气预报您都错三四处，是专业的出身吗？不行咱就搞搞后勤工作吧，再把你吓出个好歹来。”

真的，我是一个特要强的人，就受不了这个，从此暗自给自己定任务，先要学会做节目，让听众认可，再让领导专家认可，给自己一年的时间。我开始疯狂地做节目，什么节目都做，音乐类、新闻类、专题类、访谈类、娱乐类，一年后我慢慢习惯了这个舞台，也渐渐喜欢上了这里，越发地感觉这里就是我的天地。当然我也越发地爱这个团队，爱这里的每一个人，他们就像是我的家人，让我温暖，让我快乐地工作。

手机尾号 8548

为子，你把鞋穿上。哈哈哈，我在建国门呢，都看见你了。

手机尾号 7662

为子，没你们领导这样的，我可是周六日一直都听到你在直播，就算你乐意取消周六的法定约会，累坏你了我可不答应。用不用我找领导说说。

手机尾号 9531

为弟，我这么叫你你不怨我吧？我 77 的，肯定比你大，还真挺佩服你的，长这么难看还敢上视频。

手机尾号 6457

为子，知道大家为什么总怪你们不念自己的问题么？就是喜欢你们俩说话，就喜欢听你们念自己的手机号，那快乐你俩感觉不到的。

手机尾号 0620

为子，有 3 种短信你们特别爱读，一是美女，二是怀孕，三是求医。

手机尾号 9678

听你们的节目很让我开心，今天是我分手的第二天，也是最难过的时候。可是听到你们的声音就让我没有那么难过，很亲切。能给我些鼓励吗？

我的第一辆爱车

话说1998年到交通台开始上班，当时的节目基本上都是直播的，所以上完上午的直播基本上就可以歇了，工作压力不是很大，所以我领导就说："你小子在交通台上节目不会开车不成啊，去赶紧学，要不以后忙了都没工夫。"

当时我十分务实，就"伪善"地说："领导，我学它干什么呀！我一个月挣一千来块钱，哪里买的起大嘀嘀啊，浪费。"

"交通台的人不会开车你不怕出去别人笑话，整天坐公交车骑自行车采访你不觉得累啊。"

"那学着难吗？"

"简单，超简单，就是一熟练工种。"

"得嘞，我听您的。"

当时是秋天，报完名考完交规再上车的时候已经是11月份了，接下来就是对我毅力的考验了，天特别冷，比现在冷多了，为了能在春节前拿到车本子，我是披星戴月加班加点地苦练，拿出了誓死不休的革命精神。记得我的教练是一个唐山人，年纪不大，一说话就脸红，后来熟了我就老喜欢逗他，"教练不是我表扬你啊，你这名字起得太有意义了。"

"怎地了？"

"一大小伙子，叫杨会飞，你应该学开肥及啊（开飞机，唐山口音），这好名字浪费了。"

"我飞的挺不错的，都飞北京工作来了，你就跟我贫吧，车你是不想好

好学了。”结果，我就只能乖乖地起步，慢抬离合，走你了。

学习生活是枯燥的，车上的 7 个学友中我最小，大家轮着练起步、揉库、坡起、单边双边。时光飞逝，春节前路考。真的，当过主持人就有一点好，心理素质超强没什么可紧张的。杨会飞同志很信任我这一点，把我安排在了最后一名收尾，学不好的大哥大姐们在前头考，怕气着警察叔叔。考试是在丰台的一个考场，当时我是信心满满，自信心都有点爆棚，好像不是路考跟要奔月一样。分别跟前面的大哥大姐说一些鼓励的话语，让他们放松，把汗擦擦，深呼吸，一会儿就完，曙光就在前方，革命马上就胜利了，咱这个春节就可以开着车穿行在北京的大街小巷，那是一幅多么惬意的画面啊。大家都向我投来感激的目光，那时就应该在考试场雇一乐队，《国际歌》一响，步履坚定地走向考场。

最后到我了，身手敏捷地打开车门，箭步拧腰上车，系上安全带，目视正前方，向考官报告准备起飞，警察叔叔很镇定地向我微微点头：“大过节的，就考两项啊，起步停车、坡起。”老天，是哪个神仙姐姐啊，带来这么好的警察叔叔，谁再敢跟我说考官严厉我就跟谁急，春节前手拿热气腾腾的驾照的场景瞬间浮想在我的脑海里，这是一个多么温馨的场面哪，在我心中共产主义社会已经不远了。可是事与愿违，造化弄人，世事无常，结果并不像大家想得那样——我折了，因为太过于兴奋起步过猛，车刀太快停得不够平稳，看着大家喜气洋洋相互祝贺的场景我这个失落啊，大喜和大悲怎么差距就这么大呢！此时此刻我的人生真的就跟坐过山车一样。节后，我补考顺利通过了，虽然没有了之前的那份激动劲，但是还好平和了许多，坚信自己日后会是一名优秀的驾驶员。

说起我的头辆车还真的要多说点。当时的车市火得不得了，老三样被大家视为最好的选择，基本上价位都在 15 万到 20 万间。您还别嫌贵，没别的可选的，到现在我明白了，没有了竞争一枝独秀是多么可怕的事情啊。亚运村交易市场天天人头攒动，热闹得跟菜市场似的，远看俨然就是新发地。我就不明白了，哪来的这么多有钱人呢？在里面的商户各个笑得眉飞色舞的，现在很多4S店的老板都在那里开过店，他们多么渴望再回到那如火如荼的年代啊。基本上每个周末我都会跟我哥去那一趟，反正买不起穷逛呗，还有个名词儿叫“windows shopping”，学着大款的样子跟人家讨价还价。一辆捷达少说全算下来21万吧，现在想想这是一个多么可观的数字啊。从此我给自己定下了一个惊人的目标，1999年要挣够一辆捷达的钱。说的容易做起来难度极大，我1999年做了8档电台节目，几个系列台都有我的声音，听得我都觉得恶心。一档电视节目，晚上再去棚里给动画片配音。累得我跟傻小子似的，天天穿梭在北京的各主要路口路段，晚上回家一般都后半夜。每天拖着疲惫的双腿爬楼梯的时候我都特想哭，这是跟谁呀，我忙些什么呢，不就是一辆车吗，瞧给小的我累的，当时唯一明白的事情是挣钱真不容易呀，这才刚是辆捷达，目标要是定得再高点，我就剩下卖血了。

工夫不负有心人，1999年12月我把一年挣的辛苦钱19万拿出来买车了，白色非金属漆at自动档捷达。交了钱我才知道这些仅仅是车钱，还不算上牌子保险交契税汽车美容的，青天大老爷啊！我一分钱都没有了，给车加油都是我哥掏的钱。真的，要不说我跟我妈最好了呢，她在关键时刻给了我3万，我用颤抖的双手接过这钱，向她老人家保证，家里要车随叫随到，车终于顺利开回家了。当时拿车时的心情现在想有点模糊了，反正就是高兴，突然有种成功人士的感觉，毕竟很年轻就买了车。现在回想起来，年轻时买车，确实激励大家奋斗啊，哈哈。

之后每天洗一次车，不能在车里吸烟，不能听到任何人说它是 破车，把车里的装备武装到牙齿，装遥控器，装当把锁，装6碟CD（后来车一颠就跳碟，我都不用自己按按钮选CD了），全车换真皮座椅（后来才知道是猪皮的，7000多呢，气死我了。），每天上路开得小心翼翼，做梦都做跟它有关的，下雨恨不得拿伞给它挡着雨，后半夜有时惊醒忘记是不是锁车，还要下楼看看，要不睡不踏实，当时真把它当宝贝了，20万呢。虽然有诸多的事情，不过内心还是甜甜的，毕竟是自己的头辆座骑，晚上行驶在无人的街上，车窗大开，听着自己喜欢的CD，就一个字“美”——四个轱辘一转，给个县委副书记都不换！

再后来，车开始费油了，不知道什么地方老叽叽嘎嘎乱响，动不动就要清洗节气门，维修费用增加，刹车踩到底它还要向前冲一下。琳琅满目的新款车上市，于是2003年把车卖了换了一辆帕萨特。说真的，卖的时候还挺伤心的，第一辆车有感情的，没少在它身上花血汗钱，希望它去了一个好人家，人家也能像我一样对它体贴爱护。

手机尾号6690

为子，你们那个片花，就是车子启动时马达声音不对，是不是电瓶亏电？

手机尾号1393

为子，你刚才说的等车按喇叭的事，我是这样处理的，下车、拉开对方的车门，抬手一个大嘴巴，这样就不按了。真的，管用。

手机尾号1428

为子，可乐啊，你说这小偷真是，轮胎一偷就是4条，一点面子都不给你留，你说我今天晚上不睡觉等他，他会不会还来？我干出租容易吗！

手机尾号3416

小样儿，你是不是成心跟我过不去啊？我每次都答对了为什么没得过一次奖呢？今天下班你等着，我拿着板砖在电台门口等你，我叫张学友。

手机尾号2015

为哥，今年交通台真是开放啊，老板怎么说的？专家不用隐藏出处了，真好。题外话说吧，很好听，娱乐与服务并重，庄重与调侃共存！

手机尾号8011

我是你们的铁杆听众。问王为一个问题，比方说有问路的，你就给人家到哪哪一鸟看就行，什么叫鸟看？

我的试驾史

新皇冠堪称经典中的典范

说起皇冠汽车，我们或多或少都会对这款日本车有些印象，毕竟皇冠上市 50 年来，在全球范围内累计销售近 550 万辆，旧款皇冠在中国的保有量超过 10 万辆。在香港满大街都是皇冠出租车，这么多年了跑得依然很带劲，司机说这车皮实省油，呵呵说明还不错哈。有路就有丰田车不是盖的。

在百度上搜了一下，早在 1964 年，日本丰田公司就向中国出口了第一辆皇冠轿车。80 年代的北京街头最高档的出租汽车就是皇冠，当时它可不是一般人能坐的，必须使用外汇券，而且常年停靠在高档酒店门前。时至 2005 年 3 月，天津第一辆皇冠下线，也是该车型有史以来首次在日本本土以外生产。时隔多年没有在中国内地大规模出现的皇冠，有如此举动我想绝非偶然。记得在试驾了皇冠 3.0 顶级时，给我留下了深刻的印象。

拿车那天，我洋相出大了。公关公司的把车钥匙给了我说："我跟您简单讲讲这车怎么使用啊。"我当时的心里话："什么？车还用你教我，不是吧，你们也太低估我的实力了。"我二话没说，拿过车钥匙走人。到地库一眼就看见它了，擦得倍儿亮，还没上牌子，不错不错。无钥匙进入，我懂，不用钥匙直接点火，我懂，一点 star 按键仪表灯瞬间点亮，自动感应大灯亮起，这车真不错，一点声没有，隔音做得不错。怎么挂挡挂不上呢，看来是认生，

没事再重复一次，嘿，还那样。当时我就有点发蒙，汗就下来了，完了，白自夸了，我又不好意思再给人家打电话，转念一想不会是他们给我一辆坏车吧，不能啊，刚500公里，行，自己研究研究，一看说明书才知道，点火要踩着刹车才行，真气死我了。

新皇冠与之前的11代皇冠车都不相同，是一辆“真正全新的造型、驾驶、技术”之车。新皇冠厚重的车身带有明显的欧洲车身影，车身线条也更为圆润。但是说心里话，前排空间很宽敞，后排也就是够用而已，不过座椅的舒适性和包裹性还不错，体现出一种运动化的趋势，外观更具有国际化品质。新皇冠按排量和配置的不同有很多档次，当然价位也是不同的。不过最让我受不了的是居然还有带金标的，太土了，里面再加上桃木内饰，就不能换换吗，呵呵。或者也许存在就有它的道理，有人喜欢呗。我个人觉得新皇冠外观整体感觉有点像雷克萨斯，一个公司的嘛，也说得过去。

打开车门，最大接近90度的开启角度很少见，不用说了自然是进出自如，身材再高大的人也丝毫没有局促感，除非您是特体，那咱单说。坐进新皇冠中，立刻发现自己身处一个极为舒适的环境中：8项电动调整的座椅硬度适中，宽大的靠背、体贴的手枕，让我身心完全放松。后排座椅可以进行电动调整，副驾驶的座椅靠背下可以打开一个正方形，坐在后排的人可以把腿伸到前排来，想得十分周到。同时在后排座椅中央扶手上集成了空调、音响控制开关等，看样子是想跟商务车的领头羊奥迪PK一下。

这辆试驾车没上牌子是深红色的，确切地说是紫红色的，真的，说心里话还挺喜欢这颜色的，晚上不认真看就是黑的白天仔细看能看出是红色，车漆很漂亮，有点变色龙的味道。车可以开一周时间，这让我很欢喜，可以全身心地体验这辆车，哈哈。

周末带上同事直奔郊外，一上京承高速，新皇冠就像撒了欢一样瞬间120。新皇冠全新V6VVT–i铝质发动机，而且6速自动变速箱，发动机的动力输出十分线性，中低转速时拥有充沛扭力，当车开过180，油门踏板还有很大的潜力，推背感依然强烈，乘坐依然平稳，当然跟咱开得好有关系，哈哈哈。不过缺点是因为日系车突出经济实惠，所以薄皮大馅车轻，开太快再加上有风就发飘，而且日系车方向盘特轻，恨不得一个小拇指就可以打轮，车速过快相对不安全。

现在很多购车的朋友选车都有一个特点，要求便宜、经济实惠、大气、车内空间大、里外都要有面子，车里最好还带各种豪华配置，提速快、刹车稳、性能一流，有氙灯，有倒车雷达，总价最好还别超过15万。我个人认为还真没有这样的大嘀嘀，如果真有，那肯定是生产商脑袋让门掩着了。日系车的刹车不像德系，它是渐进式的，不会给你太强烈的制动感。我们在怀柔的山间穿行自如，打开全景天窗可以清晰地看见蓝天白云，一种成功人士的感觉油然而生。同事问我："你试的这车老好了，多少钱？"

我说："你们猜？"

"看这档次怎么着也得30万吧。"

我说："什么？30万，那人家挣谁的钱呢？40个左右呢。"同事们瞬间没电了，大家一致认为车是不错的，就是贵了点。

要补充说明的是新皇冠在安全性上也比老皇冠有所突破，特别是它装备了膝部安全气囊，它可以保护乘客的膝部不受侵害。

因为工作的原因试驾车型很多，尼桑、大众、本田、丰田、通用、奔驰、宝马、奥迪，记忆深刻的也有不少，不过我希望多说有点特色的，比如说小跑车。

手机尾号5242

为哥哥，我好爱听你的节目哦。问一个外行话：速腾车尾灯不对称，有个红色的灯只有一边，那是雾灯么？谢了（别笑我，我今年才13）。

手机尾号2652

为子没指错路呀，很久以前为子就说他指路误差在200公里左右，你问为子国贸在哪，他给你指燕郊也不算错，是吧为子！

手机尾号3445

我看见王为了啊，戴一帽子，大墨镜，坐930奔燕郊了，嘛去啊？买炮去了吧。

手机尾号 2964

燃油实在太贵，堵车真的很累，车买了人家不退，有车族身心疲惫。唉……，花钱发条信息还不读，颓废……。（酥皮儿）

手机尾号 5218

广告有限，真情无限，金杯踩刹车就像打猪皮做乒乓。

手机尾号 6327

为贺及单杂家好，我给你们仨取个绰号，每个人都叫臭皮匠。你们这个节目可叫 1039 诸葛亮交通服务热线。

时尚小钢炮

硬顶的宝马 Z4 Coupe3.0Si 令人垂涎的性感外形，屡获殊荣的六缸发动机，要是有人说白送你你肯定会激动得流下热泪。在国内，Cayman、TT、SLK 等车型均是其主要竞争对手，在这个市场中，随波逐流就意味着死亡，而 Z4 却凭借着独特的外形和发挥到极致的操控表现赢得了无数宝马 FANS 的追捧。但是萝卜白菜各有所爱，我是真喜欢它的机器，小钢炮，开着带劲，操控极佳，见谁超谁。

就是酷

我喜欢这样的档把

宝马Z4

宝马Z4的方向盘

宝马Z4的仪表盘怎一个酷字了得

可是外型真不敢恭维，特像一个大头皮鞋，前长后短还是矮帮的，底盘极低，一上车就一屁股坐地上似的，车两边停辆SUV你就会感到压抑，过个减速带真要十分小心，要不就会磕了底盘。我说这些都是个人见解，没别的意思，车还是好东东。

试驾的车挺多的，但是真正喜欢的除了SUV，就是小跑了，因为它有流线的身姿，有吸引人眼球的外表，有令人咂舌的速度，呵呵，所以喜欢。

这款Z4 Coupe的实用性挺出众的，把我的书包、健身包、球拍放在后备箱内，丝毫不会感到拥挤，但是大皮箱您就别想了。宝马Z4 Coupe 3.0Si的双排气管很有气势，打着车后，低沉的排气声富有磁性，而无论是高速行驶还是堵车过程中你都不会感觉像普通改装尾排那样扰人。

坐进宝马Z4 Coupe 3.0Si你会发现，这是一台纯粹的双座硬顶跑车。车内上深下浅的色调搭配，既运动又豪华。在前排的两个桶形座椅身后，是一个中央储物盒以及CD转换机，

当然车内空间比较有限，身材威猛的很难在车里施展身手，更别说放点什么东西了，除非副驾驶的人抱着，呵呵。当然，考虑到目标客户群的整体需求，它的内饰装备还算说得过去，如音响系统、车内电器设备的自动化还是达到了一个普通豪华轿车应有的水平，况且买它的人更关注它的发动机和操控性能，其他的都是锦上添花。

对于一位运动型轿车爱好者而言，宝马 Z4 Coupe 0 ~ 100 公里（小时）加速时间只需 5.7 秒钟。最高车速由电子限速装置限制在 250 公里 / 小时，当然了，这个速度我是没法子开出来的。每每在路口等灯的时候，都让我有一种莫名的兴奋，因为 Z4 永远都不会让我失望，强烈的推背感总让我不输给任何车，每每成功超车后，我的嘴角也会跟着微微上翘。

平时开惯了 SUV 的我偶然一开这小朋友，真是格外兴奋，在城市街道上游刃有余，见谁超谁，再加上个小，有个空当就可以过。但是千万别赶上下雨，因为车子的身材特殊，前风挡有些小，你什么都看不清楚，就看雨刮咔咔地刷了。

Z4 Coupe 当然只是一款时尚运动跑车，不过 5.7 秒的破百成绩足够让你超越绝大多数运动轿车，肯定会给足你面子。如果你不介意它奇特的外形，不在乎它矮小的身姿，买它物有所值。

手机尾号 5955

为子，那法拉利怎么样？我可以把我的悍马车库空出来。再说了，我的花园有 2000 平米，停车没问题。买了之后给你爽几天！

手机尾号 2652

为子，段小样怎么不来了？是不是因为他说话不喘气，别人要边吸氧边听节目。你们不让他来了？特想他。

手机尾号 7210

武林王，我明天就要去香河买家具去了，是带着我老婆去的，我们可要结婚了。为子你不着急吗？急死你……

看TT“真帅”

奥迪 TT

说心里话，在众多的入门级跑车当中我喜欢TT，喜欢它不是一天两天了，它长得实在是太有味道了，夸奖的语言我不止一次跟身边的朋友说起过，溢美之辞就像看到美食不慎流出的口水稀里哗啦的。只要在街上看到，我就会驻足看看，心中暗想谁又把我的车开出来了。每每去东方新天地我都会去奥迪展厅看看我的桔色TT小跑，爱不释手的，心中还会想，等咱有了钱我就把你赎出去，要不你老在这儿让别人又看又摸的，我这心里不落忍。看好几年了，钱没挣多少，车价倒是老涨，赎它的事情遥遥无期了，最后只能把它当屏保一想了就打开看一眼，解解馋，呵呵。

2008年年底试驾了TT2.0t，这次机会让我喜出望外。当远远看到它的时候，它可爱的前脸，圆润的身段清晰地出现在了眼前，说真的心跳都加快了。打开车门，熟练地坐进驾驶室，它的一切瞬间映入眼帘，爱不释手地摸着车里的每个部分，就跟自己心仪已久的爱车终于买了一样，哈哈哈，也够没出息的哈。这要是开兰博基尼，我还不得睡觉时都乐醒了。TT的座椅比较厚重，运动感很强，腰部支撑到位，坐上去感觉很舒适，包裹性强。1352mm的车身高度是同级别中最高的，相应的，座椅位置也比较高，底盘高度适中，很适合北京的道路，感觉像是一款紧凑的轿跑车。

内饰依然延续了奥迪的家族特征，按键的做工精细，而且手感一流。圆形的空调出风口延续了上一代TT的风格。浅色座椅与深色内饰的搭配使我

的神经得到了放松。TT 的仪表盘仅仅用漂亮形容是不够的，尤其在夜晚的时候，自发光的仪表在红色和白色的配合下显得十分精致。

简单了解完了这一切，我有点等不及了，关上车门，点火，调试好座椅后视镜反光镜，系上安全带，走着。公关公司是上午把车送来的，就停在赛特了，我只有晚上下班才可以开上它，我这一天过得哟，就跟人家给我介绍了一美女，我让人家在停车场站了一天，这一天过得我跟心里长草了似的。

每次在试驾新车时我都会把喜欢的 CD 放在车里欣赏，寻找车主的那种惬意感觉，最好天气不错，这样就可以把车窗大开招摇过市，可能这就是东北人常说的得瑟吧。

TFSI 是 TT“心脏”的亮点，其中，FSI 是 Fuel Stratified Injection 的缩写，意指燃油分层喷射。燃油分层喷射技术是发动机稀燃技术的一种，这项技术可以使燃油更加充分地燃烧，增强动力的同时又可以节省燃油。而 TT 这台 2.0 升发动机在 FSI 的基础上又增加了涡轮增压技术，从而使这台发动机的最大输出为 147 千瓦（200 马力）（5100~6000r/min），最大扭矩为 280 牛米 (1800~5000r/min)。您想啊，A6L 也用这款发动机开着都飕飕的，更不用说比它小那么多的 TT 了。

TT 巨大的 18 英寸轮毂配合圆润的车身，从侧面看就像是一只伏在地上的大瓢虫。245/45 的轮胎尺寸成了名副其实的大脚，让你怎么看怎么觉得这车长得太和谐了。

厚重的座椅给我很强的安全感，精致的筒形仪表盘也在刺激着我的神经。在北京市区里，你开多快的跑车都跑不过自行车，因为限速还有堵车，所以我也不着急了，慢慢开，但是只要是上了高速，就可以小小地疯狂一下了。京承高速比较新，路况好，每每想试试提速和性能我都会去这里。

易于驾驭的奥迪 TT 在高速路上身轻如燕，方向盘很轻，用很小的力度就能获得敏捷的转向。TT 在悬挂上的功底的确了得，依然让 TT 有了不凡的身手，因为尾翼的打开，随着车速的提升下压力明显，车贴地飞驰，让我总有一种感觉车还不够快，加速加速。

因为3.0排量以上要加收排量税，所以日后不会再进口TT3.0，2.0t和2.0ts成为了主打，经过重新调校，功率扭矩都有所提升，破百速度已经杀入六秒。新TT进入中国的售价为50.9~64.5万，最新的TT敞篷也不过75万，这个价位对于造工精细、形象高档的新TT来说还算合理。

实在是不好意思，因为比较喜欢TT所以说的稍微多了一点，它的豪华配置还有很多，我就不一一说了。记得在一个阳光明媚的下午我开着它在京承高速上，瞬间从我身边飞过一辆BMW745，时速至少150。真的，我当时特不服，心里说，小样儿的，超你！一脚油门到底，80、120、150、180、190，瞬间超它，看看后视镜超过它一公里吧，再等等它，再超它一遍，舒服解恨。当然这仅仅是想像中的，千万别这么干，不安全啊。

在接下来的几天，我渐渐对TT有了新的体会，做到了人车合一。真的，奉劝想买车的朋友，买车之前别听他们瞎忽悠，自己真去试开，才会有一个正确的答案。记得有一天晚上，林贺不服非要拿他那15年高龄老普桑跟我PK。小样，来着吧。跟我比起步，我们两个车并排，为了有一个裁判，也为了有一个见证者，林贺选择了老武，他们两个同一辆车，老武看表记时。这是一个多么光荣的任务啊，他的老化油器普桑后轮挠地泛起缕缕白烟，看上去那是相当地嚣张，一变灯，我们同时冲出，普桑居然在前两秒都跟我并排，当然输是肯定的了。事后，老武说："真吓死我了，我都没敢睁眼。"

贺子说："怎么样，前两秒我没输了你吧！"

我说："你看给老武吓的。"

贺子说："那是他不信任我！"

我说："哈哈哈哈，兄弟你就放过你那老普桑吧，它都那么大岁数了，你看给它累的。"TT的驾驶乐趣很难用一点点文字描绘出来，回头率奇高，你只有亲身体会才会有跟我一样的感受。

手机尾号3879

王为，你们念念我的短信吧，夸你你不念，损你你不念，骂你上黑名单，你可让我怎么办呢？我特喜欢你们的节目，我不是美女也不穿红衣服 。

手机尾号 9913

我有一经历。在美国高速路上开车，没摄像头也没警察，于是我就开到了快200 的速度，正爽着呢天上一直升飞机喊我，靠边停车！厉害吧！

手机尾号 1737

我的收音机，许站 发言就沙沙直响，为了和另外那哥们儿说话就倍儿清楚。有意思！

手机尾号 6904

各位好，我女儿今天 13 个月了，每天听着你们的节目。每当听到片花，她就跟着节奏拍手、跳动。谢谢你们给我们带来了欢乐！

SLK280 我的最爱

我试驾的车很多，高中低档都有，基本上都是我比较感兴趣的车型。一个月怎么的也会试驾一两款，我都有点后悔买车了，买什么车呀，光试驾就够了，还省钱。我们家大院保安对我可热情了，一开始没太懂认为物业费高有高的好处，服务质量就是不一般，后来明白了肯定把我当土大款了。“王先生您回来了，这车真漂亮”。“呦，又换车了，这个也不错，不少钱呢吧”。“这是奔驰吧，车漆就是好，得，您慢走”。哈哈哈，我真是没法子跟他解释，认了吧，至少感觉上还挺美的。

有一次试驾一款长得特像 RAV-4 的国产城市 SUV，他们把它夸得跟什么似的，我一想试试吧。我一开真不错，虽然操控性，内饰都一般般，但是毕竟十来万，便宜，个又大，应该好卖。把车开回家停楼下饭馆先吃饭去，吃完饭兴高采烈上了车，打火，一点动静没有，不是吧，再试试，还是一点动静没有，凭我经验看不是机器的问题，完了晕了，围着车转半天都不知道从什么地方下手，机器上的事情一点不明白，又不敢瞎弄，当时我这汗就下来了。边上的路人甲乙丙丁都快把我当偷车的了，心里暗骂这是给我的什么车呀，害死我了，大晚上的我到哪里修车去，打电话让他们把车开走吧，我可真玩不转它了。没多久 4S 店的来了，说真的，掐死他们的心都有了，“大兄弟，你们不会给我一坏车吧？”

“怎么会呢，刚 5000 多公里，正好开的时候。”

“那它怎么打不着呢，不会坏了算我身上吧，我可老冤枉了啊。”

“不能不能，我们看看。”

要说专业的还就是专业，熟练地打开机器盖子，一点没犹豫两三个起落修好了，车子应声着了，跟没发生任何事似的。“兄弟怎么个问题？”我真有点丈二和尚摸不着头发。

“没事，就是电瓶掉了。”

我当时身上要是有一面镜子真想照照自己，看看自己的表情是什么样子，保证特扭曲。“谢谢两位啊，辛苦辛苦，您费心把车开回去吧，我实在是受不了这种惊吓了。”

试驾的车型多，故事当然就更多了。有一次试驾新款奔驰 S350，台里停车场让我接车，我兴高采烈下了楼，先围着它转了 8 圈，连连点头口中唏嘘不已，怪不得有钱人都买大奔呢，呵呵。等我开的时候问题就来了，大奔大奔它肯定大呀，但是我平时开 SUV 我不怕啊，可 S350 等你开的时候你就明白了，它老大了，揉库、超车、并线没点手艺真玩不了，车上一切基本设施都是傻瓜型配置，什么都是自动的。试驾这样档次的车，那可真是个累赘，找合适的地方停车不好找，吃饭的时候你老不能安心，没事就趴窗户看看车是不是没了。没两天我就还给他们了，赶快把这个爷请走吧，我都快得失眠

抑郁症了。

接下来试驾的这款小奔，我真的喜欢得不行不行的，它的操控性早有耳闻，科技含量超高，外形时尚但不张狂，它就是 SLK280。

当听说要试驾 SLK280 的时候激动得我坐立不安的，不是我没见过世面，也不是说没开过好车，主要它是一款全新敞篷硬顶跑车，哈哈，开着肯定特爽。

拿到车的时候开心地围着它转了 3 圈，纯白色，擦得锃亮，流线型线条，显得匀称大气。SLK 是外文单词运动、轻盈、简洁的缩写。

SLK 与很多跑车一样采用了短前后悬的设计，位于前悬后的发动机和被安放在车辆中间靠后位置的驾驶席都对车辆前后配重的比例有一定的帮助。合上顶棚的 SLK 同样拥有协调的比例，并没有给我突兀的感觉，整个车顶的弧线很漂亮。车内也没有给我特别局促的感觉，相比 Z4 显得可利用空间很大。

虽然从侧面看，短小精干的车身的比例会略显短促，但也没有掩盖掉 SLK 作为奔驰当家小跑车的风范。车头是 SLK 最夺目的部分，来源于奔驰 SLR 的车头造型非常突出，我比较喜欢它有点凶狠的前脸，看上去有种咄咄逼人的感觉。粗壮的而富有肌肉感的前鼻中间镶嵌了硕大的奔驰三叉星标志，很少汽车品牌会将比例如此大的 LOGO 放在车头上面，除了奔驰。但是我个人认为如果敞篷的话，整车线条趋近完美，要是合上顶棚的话，尾部稍稍短了点。

作为 SLK 的标志，新一代的折叠硬顶在结构设计上又有突破。目前，几乎所有车厂的同类设计都采用“对折式”车顶。但在新 SLK 上，后窗玻璃收折时不是和车顶对折，而是与两侧的车柱脱离，和车顶平行叠在一起再滑入尾厢。这样的设计节约了车顶收折时所占用的空间，使得新 SLK 的尾厢容积在车顶收折后还有 208L，当然您千万不要再想往里面放什么大件，那是肯定塞不进去的。

另外值得一提的是，车上的原装音响也非常高级，声音出色，而且配备 4×25W 的输出，每边车门各 3 只扬声器，中控台中央放一只中置扬声器，再配合车尾两只，共 9 个扬声器的组合，营造出相当悦耳的环绕声效果。

说真的，SLK280 里面高科技的好东东实在不少，咱就不列举了，还是感受一下下吧。刚开始还真不太敢使劲开，也说不好是为什么，不像 Z4 和 TT 上来就粗暴驾驶。慢慢驶出地库上主路，深踩油门，油门踏板很硬，踩起来真得使点劲儿，刚开始我都有点怀疑是不是油门底下卡什么东西了。在四环匀速 80，机器的声音小到可以忽略，听着自己喜欢的音乐，感受北京美丽的夜色，我突然有一种很难形容的舒畅感，开过它之后才能体会到的感觉。

在制动方面，前后碟式刹车，依然保持德系车特有的稳定，不过我个人认为轮胎稍微小了一点。氙气大灯，随动转向，锁车自动收合反光镜，电动座椅，双区空调等等豪华配置让我觉得物有所值。跑在北京的大街小巷回头率那是相当的高，如果是一辆黑色红内饰的 SLK280 那就完美了，哈哈。

总的来说，SLK280 是一辆很 BENZ 的汽车，外型设计以及内饰设计及材质都非常具有水准。但只配上这款 170kW 的 V6 引擎就好像没有很强跑车的实力，多亏还有更猛的 SLK350 助阵。试驾的众多入门级时尚小跑车中，论操控我会选择 Z4，论时尚动感我会选择 TT，论综合素质我还是喜欢 SLK280，无论春夏秋冬，无论敞篷还是硬顶，它都会给我不一样的感觉。

手机尾号 2831

什么车都能修？吹吧！宝马车上插个奔驰标，能修吗？

手机尾号 3582

听你们节目过了出口，赔我 5 块钱啊！

手机尾号 6011

武林王啊，这名肯定火！现在流行组合，回头出个唱片参加个什么武林大会的，出门就得戴墨镜了。顶了顶了！

手机尾号 3707

为哥，我今儿看见一金杯上往下扔垃圾，我怒，我想抽他，跟随地大小便似的，可我不能抽，我一淑女！哥你说呢 。

我的家

姥 姥

姥姥是个挺传奇的人，至少我是这么想的，而且在我看来，这样的传奇绝对具有大书一笔的意义。她无论什么时候都打扮得干干净净的，倍儿利索，无论春夏秋冬衣服都穿得整整齐齐的，一点儿褶子都没有，家里也收拾得倍儿干净。跟我妈形成了鲜明的反差，就邪了，我妈怎么没随她这个，甚至有时我不得不在生物学范围内，产生一些疑问，呵呵。姥姥常说："男孩子就要利索点，要学会吃苦，这样才能成大器。"当时我才多大点儿，压根听不进去，现在想想句句真言，也绝对能算道德经新篇了。

姥姥姓杨，据说是杨家将的后代，祖上驰骋沙场多年，另外据说家里长辈原来是在宫里干掀门帘工作的（这活儿还需要专人干，可想多奢了，不过听说长辈身手矫健，80多了还可以做手倒立，而且一直想着报名参加大世界吉尼斯），颇具传奇色彩，所以姥姥从小算大小姐出身，有文化特别爱捣鼓，琴棋书画样样精通，虽然不是上知天文下知地理，但起码还能运筹帷幄羽扇纶巾。头发永远梳得一丝不苟的，而且还能写一手漂亮的毛笔字，我看过她年轻时的照片，老漂亮了，我就不知道那时为什么没世界小姐大赛呢？要是有，我姥姥绝对能力压群芳。姥姥后来当了小学老师，天天忙着培养学生，其中不乏"精英"，我爸就是她一手教出来的，所以姥姥到死都不会做饭，一心忙着带学生，没工夫学。有一次姥爷病了，姥姥硬着头皮去煮面条，居然把锅烧干了，气得我姥爷病当时就加重了。

姥姥家在白塔寺东工匠胡同，那是一个标准的四合院，姥姥租住在西厢房。房子算是标准的一室一厅，不带卫生间不带厨房，我觉得这就是现在酒店式公寓的前身。厨房是我们后搭的，也不知道这算不算私搭乱建。窗户是木质的，里面是纸糊的，每天早起都要把纸捲上去通风换气，遇到刮风下雨窗户纸就被刮得哗哗响，晚上关了灯，能够看到外面树枝和屋檐的影子。小时候看到这些还真有些害怕，各种牛鬼蛇神浮现眼前，导致到现在我还不敢看恐怖片。听到朋友们议论贞子什么的，我就有一种梦回童年的感觉。还记得屋门口有姥姥养的花花草草，显得生机盎然的。还有一大缸荷叶，有姥爷养的鱼，里面还有几只泥鳅，因为当时年纪小根本不知道那是什么，只知道它长得特奇怪，有时候能站水缸前看一下午，再加上看了《恐龙特级可赛号》，到了晚上还容易做噩梦。院子中间是一棵巨大的枣树，每每夏天都上树打枣，

兄弟姐妹全家福

还就此练就一身少林棍法。树下是一个自来水龙头，到了冬天户户轮流用开水浇水龙头，要不就冻了。这些零散的记忆在我内心深处埋藏着，它是我童年的印象，挥之不去。我想，等我老了，我一定得出一本童年回忆录，跟小朋友们分享。可是，东工匠胡同我有20年没回去过了，也不知道那里现在是什么样子？

姥姥从小把我带大的，这是她退休生活的一部分，另外的部分就是捣鼓小猫了。在小厨房择菜的时候，姥姥就教我九九算术口诀，当时我就想“这乘法口诀太难了”，后遗症就是时至今日我数学都很差。姥姥还教我背唐诗，教我待人接物要有礼貌。因为我小时候特能吃，姥姥常跟我妈说：“天哪，你们是不是总在家饿着孩子呀，瞧把孩子瘦的”。记忆最深的是姥姥家的黑白电视，12英寸的看不了几个台。可是我在它身上没少下工夫，先是发挥物理天分，安了一个放大镜，看着跟18英寸的似的，不过人脸都是变形的特扭曲，后来又发挥美术特长，在屏幕上贴上彩色塑料纸，画面就是彩色的了，但是色彩很单调，男女长得一样。现在想想自我佩服得不行不行的，至今改造电视的这段经历还是我引为自豪的谈资。

2001年的大年二十八晚上，我们在杰杰迪斯科做听友见面会，因为是我头一次做节目的见面会，很成功，当时大概来了能有1500人。晚会结束时我看到有5个未接电话，是爸爸打来的，爸爸说：“姥姥下午就走了，走的时候挺痛苦的，因为怕打搅你工作所以现在才告诉你，明天一早就要在八宝山火化，你要是能来就来看看她。”他说得很平淡，但是我明白他怕我伤心。当时的心情很难描述，就像坐过山车，一瞬间眼前的景物都变得扭曲了，只剩下蔓延的灰色。很想哭，但是泪水就在眼眶里打转。仿佛回到了那条久未回去的胡同，脑海里全是姥姥的笑脸，特慈祥，那以后很久都挥之不去。第二天从八宝山回台里的路上，泪水终于忍不住涌了出来，说不清是为什么，就是伤心，因为我挚爱的一个亲人走了，真实地从我眼前消失了，童年的美好记忆从此断了。这以后还大哭过一次，是在八宝山送走奶奶。我讨厌八宝山，它让我很压抑，它让我的亲人都化为灰烬了。每年清明我都会去看看姥姥，给她扫扫墓，知道她老人家好干净，跟她聊聊天，说说我现在的情况，有什么成绩有什么不开心，给她烧十几亿，这都怕她不够花。

我原本想把这些事写得温馨些，不知道为什么最后会变成这样，也许大悲和大喜都是记忆最深的吧，各种基调和颜色的回忆，也就凑成了我的人生。希望她老人家在那边好好的，我也相信我的每一次成绩她都会看见，她都在为我祝福。我想她的时候她就会出现在我的梦中，摸摸我的头，抱抱我。

我爱你，我想你，亲爱的姥姥。

手机尾号 3684

王为，什么叫和奶奶一起长大的？应该是从小奶奶带大的，现了吧！

手机尾号 3397

哥们儿帮兄弟问问，昨儿兄弟做梦考试，准备的小纸条都是政治题，可考卷发下来一看愣是历史！网上查没查到怎么解这个梦。多谢了。

手机尾号 8137

为子，哥们正烦呢，我在要账呢。你说现在的杨白劳怎么那横啊！是不是都跟破车似的，欠修理呀？帮我们这些黄世仁呼吁一下吧！

7656：孩子明天考物理考语文，现在正疯狂的复习呢。

王为：孩子真是太苦了。

林贺：更苦的还是家长。

王为：都不容易，那天我居然在上班的路上看到一个孩子拖着一个底下带轮的箱子就走了，怎么回事，这么大就出走了。

林贺：她可能是为了减负，拖着书就不用背着了。

王为：原来咱们上学的书桌，正好书包能够塞进去，你说箱子怎么塞？

林贺：可能她是学习委员，帮助老师批作业。小时候没干这活吧？

王为：没干过，小时候罚站都是我替别人站的。

妈 妈

我妈挺不容易的，生我一周之后就带着我上班了，因为我天天哭，所以她也吃不好睡不好的，早晨起来为了能洗个澡，就把我放进她同事的被窝里，因为是女宿舍，以至于到后来我长大了都不好意思见她的同事，生怕我偶尔“做湿”的情景被再次描述。

妈妈身上有很多中国女性的优点，比如工作了35年从来没请过假，从来没迟到过，为了给我们全家做顿可口的饭菜，可以从西城到朝阳门、宣武门、东单的菜市场买菜，但凡发现买的肉有质量问题无论多远都会快马加鞭的杀回去，所以我妈当年是全家腿脚儿最利索的人。当时家里也不富裕，特别是还有两个男孩子，我妈就老说：“以后你们找老婆得分工，你哥呢应该找一肉联厂的，咱家肉就不缺了，你呢就找一理发的，咱家人的头发她都包了，多省钱。”这也算是我择偶观的形成时期吧。

记得80年代中，父亲工资涨了，家里相对宽松一点，于是开家庭会议，讨论拿这些钱做点什么。会上我哥提出建设性意见，要求改善伙食，改变家里一清二白的局面，每个周末都应该吃一次肉。于是打那以后，逢周末家里就吃鸡——烧鸡、炸鸡、炖鸡、烤鸡、酱鸡脖子、酱鸡翅……好像全北京的各色鸡类食品都跑我们家集合来了，以至于现在我看见鸡都恶心。

妈妈是个特别节俭的人，能走路就不坐车，能坐车就不打车，每每提到这些我妈就说：“钱是大风刮来的呀，不这样能给你们养大吗！”说得我这个内疚呀，就仿佛我是个败家子儿。有一次老太太在家包饺子，小白菜馅的，吃得我跟我哥喜笑颜开的，甚至都以为我们俩凑一块儿过生日呢，我妈见状就自豪地说：“这小白菜不赖吧？”

“不错不错，又脆又嫩，多少钱买的？”

“什么买的，菜市场边上我捡的，我一看，呦，有的还不错呢怎么就扔了啊，多可惜！”我跟我哥差点没把饺子吐出来。

妈妈手可巧了，她深谙“新三年旧三年，缝缝补补又三年”的真理，衣服经她的手缝补过后都能焕然一新的，什么织个毛线帽子，做个椅垫，绣个门帘儿，当然这在她眼里都是小意思，大活做过衬衫、棉裤，缝个棉被都算是小活。记得小时候我手工课的作业基本都是她完成的，老师给我的评价老是“该生作品有中年妇女的神韵”。看着妈妈穿针引线的手我就想，天哪，太神奇了，简直鬼斧神工天造地设。记得我上初中的时候因为淘气裤子膝盖的地方就最先破了，妈妈不知道从哪里找来两块灯芯绒布头把膝盖的地方补上了，后来我们同学都说，你妈真潮。

妈妈对我们兄弟俩特包容，从来不向我们两个下“毒手”，所以开家长会，不及格让家长签字，请家长有她就好办，可以大事化小小事化了。我妈老说：“你们也不长进一点，怎么老不及格呢。等你爸下班回来我一定跟他说，好好教育教育你们。”为了不让我妈累着，我跟我哥开始学习我妈签名，签得炉火纯青的，这也算是我书法之路的入门吧，呵呵。

上一代人都过过苦日子，一分钱掰成两半花，攒点钱也不容易，有一次我妈半夜11点出去了，快凌晨一点了还没回家，给我跟我爸急的，老太太半夜了干什么去了，生气了？不能呀，没招她呀！遛弯儿去了？都几点了！开始找吧。于是我们两个疯了似的冲出家门，最后是在银行门口发现了妈妈的身影，她老人家正跟几个老太太聊天呢，看见我们来了还有点意外：“呦，你们怎么来了？”

“那是，大半夜的我们知道你干什么去了，再走失了。”我生气地说。还是我爸会聊天：“别跟老几位聊了，明天再接着聊。”

“别呀，银行第二天发行国债，就20万，我想来点，你们先睡吧。”

“行，您回去睡吧，我来排。”我心一下子就软了是又心疼又生气，这是一个多么可爱的老太太呀。后来，我们死说活说才把她拉回去。第二天，老太太5点就起床去买国债买了5万，这才心满意足。

我对我妈的依赖很重，可能有点恋母情结。听我爸说，小时候只要一哭

给我一张我妈的相片，我就立马安静。这让我爸羡慕不已，因为他常年值班或者出差，有一次我爸出差回来我居然叫他叔叔，为此他老耿耿于怀。妈妈上班很远经常早出晚归，我就去车站接她，无论春夏秋冬都风雨无阻，这种爱是很难让别人体会的，并且从小我就想日后找老婆就照我妈这样的找。

老太太是那种心直口快的人，有一说一，从来不会拐弯。记得我叔来家买了一个果篮，她会当着人家的面打开，边打开边对果品的质量品头论足："呦，怎么有烂的呀，你也不好好挑挑，这破玩意儿还一百多，太不值了，你当时怎么想的！"气得我爸在一旁脸色铁青，当然这也是她超可爱的一面，至少说明做人真诚实在，所以我妈这一点我也充分继承了。

现在我身上很多习惯都是跟我妈学的。比如做饭，除了特猛的不会以外其他的都不在话下，从白案到红案，从择菜到刷锅洗碗，从揉面到擀皮儿，里里外外一把手，上得厅堂下得厨房。

我喜欢挽着她的胖胳膊散步说些家长里短的，仅仅充当一个聆听者，偶尔分析两句，这种感觉让我很温暖。我还不够孝顺，我应该让她过得开心，应该让她骄傲，应该让她过得更幸福。其实，幸福很简单。

老太太是我最爱的一个人，每每看着她日渐苍老的面容，都会让我的心揪得隐隐作痛，很难想象当她离开我的时候我是不是真的能够承受得住，希望那个日子越远越好，越晚越好。

手机尾号 1330

为子，你家肯定有修理自行车的，说得特专业，不怕失业了。

手机尾号 4820

为子，听说七彩云南大翡翠镯子打 4 折了，咱俩一块去，母亲节咱俩一人买一个回家孝敬去，你要能侃到两折，我请你到马路对面吃冰粥怎么样？

手机尾号 2368

完了，女嘉宾一来，为子话密了，哈！

哥 哥

哥哥比我大6岁，但是看上去还年轻得很，长得酷似黎明（这是我嫂子说的）。不过灯下黑，我怎么就没看出来呢！因为他比我大很多所以从小我就没怎么受过欺负，只要有被欺负的事儿，他肯定暴力还击，为此我们家没少跟人家道歉。

哥哥淘气，我们家也没少为他操心，上房摘枣把人家房顶踩漏了，在学校擦玻璃从三楼掉下来了，胳膊粉碎性骨折养了大半年。我妈老说："家里养两个儿子，可真够糟心的，早知道这样还不如要女孩儿呢"。

哥哥的性格特倔强永不服输，在我爸的大棒政策下依然宁折不弯。记得在我上小学的时候，哥哥因为期末考试成绩不佳愤然离家出走，提着一旧帆布小包，带着所有的压岁钱远遁河南少林寺长达一周的时间，为此给我爸急得什么似的，最后在我公安人员的大力帮助下把他押送回京。就这件事让我好生佩服，还追问了他好几年关于学习少林武术的事。

我上小学哥哥都上高中了，因为家里是双职工，所以爸爸就让哥哥带我一起玩，他去哪里我就跟到哪里，像个跟屁虫似的。上小学我就会棋牌类游戏，打麻将、斗地主、跑得快，样样精通，上初中摸牌技艺已经达到炉火纯青，光扑克麻将牌我爸就扔房顶好几副了，心疼得我不行不行的，再怎么说这也算

我跟哥哥 他超级不喜欢照相

一门手艺啊！

冬天下完雪以后，我跟我哥自制了一个简易的冰车，上面是一块一米见方的破板子，下面焊两个破角铁，手里拿一对火筷子，在真武庙二条玩得风驰电掣的。夏天我们就去八一湖公园的湖里游泳，衣服都脱在岸边上，我坐在大游泳圈里，他推着我横渡八一湖。有一次，放在湖边上的衣服和鞋不知道被哪个孙子拿走了，害得我们两个短衣襟小打扮地跑回了家，当然肯定离不了老头子的一顿暴打。

哥哥年轻的时候特能攒钱，为了买喜欢的服装，什么新潮什么时髦他就会攒钱买什么，喇叭裤、萝卜裤、小马哥长身风衣、宽边蛤蟆镜，可是结婚以后完全变了一个人——这个省啊，一年也买不了两身衣服。

我们兄弟两个的感情很深，哥哥也最疼我。90 年代初流行穿耐克，100 元一双，那时的 100 元可值钱了，我想大概相当于现在的 1000 元，哥哥买两双我们俩一人一双。哥哥在海南做生意每个月都会偷偷给我寄钱回来，让我买我喜欢的东西，怕我一个人在北京受苦。

哥哥聪明，看什么都过目不忘，期末考试前突击一夜第二天肯定考得特好。他喜欢看书，床头永远放着唐诗宋词，小学时就看过所有的名著。我到现在都没看过《红楼梦》，主要是看不进去，一男的跟一群女人的事实在不明白为什么。

我考大学那年，人家都是父母在考场外面焦急地等待，我们家是我哥在外面等，焦急程度不亚于任何父母。等我都考完了回家，他给我放了一浴缸的热水，帮我搓背帮我解压。

哥哥特能侃，上知天文下知地理，像我这么能聊的只要遇见他立马歇了，我个人认为如果把他放在唐宋年间一准是一诗人，天天把酒当歌，李白都不在了。不是我夸他，都是真心话，要不是他这么能侃能把我嫂子骗到手吗！

哥哥是我最爱的人之一，结婚以后就跟嫂子出国了，走之前全家聚餐的时候他哭了，因为要远离家乡，因为不能孝敬父母，因为放心不下我。转眼几年过去了，说真的还真挺想他的。他脾气不太好不知道嫂子的家人能不能宽容他些？他爱聊天在那边会不会有聆听者？他爱喝口儿在那边有没有高度的？我们都长大了，很难再像以前那样了，但是在我心里他依然是我的好兄长，我们的感情还是那么深厚，来，兄弟拥抱一下。

手机尾号 0561

以前我开奥迪 A6 一进车就有紧迫感，一天不挣一千对不起这车。现在开夏利一年多了，心情好了吃嘛嘛香，将军肚也没了。夏利衡久远，一车永流传！

手机尾号 0400

为哥，我女朋友也发烧了，说你读短信就能好，等你救人了，不读建外门口堵你去！

手机尾号 9281

关于今年的感冒我有一良方：阿斯匹灵加开水（大量）。我老婆 31 日开始高烧（最高 40 度），在我的恶治下 1 日下降到 35 度，把我吓坏了 。

0972：为子，我是一个成功男士，在奥迪 A8 和奥拓之间拿不定主意，给自己一个建议吧。

林贺：A8 里头能装下奥拓吗？我建议您头一个小排量的奥拓，也好停车，还省油，维修也便宜。

王为：人家都说了，什么容易，守业难。您虽然已经成功了，但是您要保证这笔钱能继续钱滚钱，沙子一袋子，金子一屋子是不容易的，您当了成功人士一定要低调，低调是本分，您有 A8 放在地库里，晚上跟朋友逛街开 A8，白天开奥拓挺好。

林贺：自由切换才叫成功人士。

我的搭档

我做节目到今年已经 11 年了，在说长不长说短不短的日子里做了很多不同类型的节目，但是搭档基本上都是男同志，倒不是说我个人取向上有什么问题，主要是跟男主持做节目相对舒服，没什么太多的顾忌。比如找一女搭档，你就不能拿人家开玩笑吧，不能说人家难看吧，不能说她已婚还有孩子吧，不能说她没品位吧，不能说她的隐私吧，不能说她胖吧，连岁数都不能提吧。女孩子爱生气你要包容，她爱迟到你要理解，她没化妆一张惨白的大脸，你还要装着样子跟听众说呦今天挺漂亮的啊。老大您算算这就多少不能了，还有没说到的地方呢，这节目没剩什么了直播聊什么呀，还是算了吧。

群口相声：王为、林贺、王一、孟洋、盛博《1039五官争功》

我的这些搭档个个都是好人，真的良心都好得不得了，当然这也是我挑搭档的基本条件，每个人身上都有闪光的一面，都是我学习的榜样，也可以算作是我身边的贵人吧。想跟搭档达到默契，就必须先成为哥们儿朋友，要一起过事儿，你才能真正了解他认可他。用句肉麻的话说："搭档得成为两口子。"

1039交通服务热线合影

手机尾号 0921

我媳妇刚才说了一句特经典的话：我一定头 30 岁买辆车，老公你要努力啊！你们说说做男人容易吗，我！

1039交通服务热线合影

手机尾号 9800

问一下为子，你是不是工作生活特如意，天天高兴得屁颠屁颠的，我特羡慕你，我老婆说我天天像谁欠我钱似的，教教我。谢谢！

手机尾号 5218

为子，虽然你们台在"建外"，但我不把你们"见外"，我发了信息你怎么不理呢？真见外！

闻 风

先说说闻风吧，人如其名，东北人身材高大威猛，声如洪钟，肚子大得双手合抱不过来，（结婚以后小了很多，可能跟太劳累了有关系）能吃、能睡、巨善良、大方、特能喝，反正优点多了，我就不在这里狠夸他了，要不他容易骄傲。

一开始有特别多的听众问我，闻风是不是手艺特好，还拿过大奖，没少挣钱吧？我就有点懵，这是哪跟哪呀，他要是发了那生活也太低调了，后来明白了，满大街文峰美容美发，他倒想呢，真是他的，还当什么主持人呢。闻风的名字是他的播音名，我问过他为什么起这样的名字，他说："要起名字就要起一特响亮的，一听就让人家记住的，我想了很多，最后比较欢喜这个，你想闻风丧胆啊，闻风，怎么样不赖吧。"有时候我就有点迷糊，这名字到底是褒义的还是贬义的，听着像座山雕啊，反正放他身上就那么别扭，不过还好现在大家也接受了。他特能喝，当然看跟谁比，比我那当然是强太多了。早在他高中毕业的时候（我听说的）几个同学在街边大排档喝大酒，即将分离各自要奔赴不同的城市去上大学了，话离别。酒席宴间 3 个人先喝了 24 瓶啤的，接着又喝了 12

闻风

瓶，闻风的舌头就有点短了，跟服务员说：“服务员再来一盘鸡耳朵。”服务员都听愣了。

结婚大喜的日子，应该喝呀，开心哪，我们都纷纷敬酒以表祝贺。第二天他媳妇哭着给我打电话骂我：“你们这帮人啊，他一直在吐，吐了整整一夜，后来抱着马桶睡了一宿，到现在还没醒呢，我这新婚夜就看了他一夜，我跟你们没完。”听得我后脖子直发凉。

闻风挺善良的，因为汶川地震，他第一时间奔赴灾区出钱出力，并且打算收养孤儿，后来因为种种原因事情没办成，不过还是在北京的孤儿院收养了一个弃婴，现在孩子在他家快乐地生活着。真的，闻风身上有很多地方是很让我感动的。

他重哥们义气，好像东北人都这样。在我 1999 年买车前，因为刚学了车本子手痒得不行，就常借他的富康开。某天晚上，我开着他的车去方庄 KFC，买完东西单手扶方向盘，压双黄线调头，另一只手拿了一个苹果，突然间苹果嗖地一声飞了，前挡风粉碎，我当时就懵了，怎地了？车失控了滑出去十几米。离我不远的地方停一普桑,前鼻子都没了,车里下来了一家三口，还好从走路姿势看没什么大碍，我这心算是平静了许多。撞车了肯定我全责，没有前脸的普桑修起来够我一梦的，富康副驾驶门子变形了，前挡风没有了。我赶紧打 122，警察瞬间赶到，没想到他把普桑司机带走了，当时我就想：完了完了，他们一伙的，这次我惨了。当时是 11 月挺冷的，冻得我都缩成一团了，因为受到了小小的惊吓，腿一直在抖。给闻风打电话汇报情况，跟他说他的车撞得如何惨烈，原本以为他要跟我疯了，没想到他先问我受伤没有，让我颇为感动。当他赶到现场时事情有了 180 度的变化，警察带那哥们抽血去了，他酒后，各负 50% 的责任，自己修自己的车。开着没挡风的富康回台的路上，我一直不敢跟闻风说话，他反而显得特兴奋：“没事没事，这不是都过去了嘛，以后开车要小心，像你新司机开车太鲁莽，没经验，修车不用担心有保险呢。”

“真的有保险啊？”

“你不用管，饿了吧，咱先吃口去。哈哈哈，这没前挡风的车开着真扎眼，你看看回头率多高，不知道以为新款呢，嘿嘿，把暖风开开，冻死我了。”

直到现在他依然开着这辆绿皮两厢富康，我催他赶紧卖了，他都跟宝贝似的不卖，肯定是为了让我加深印象。他怕老婆，可是又喜欢应酬，老拿我当挡箭牌，一出去玩耍就说是跟我在一起，我压力这个大呦。有一次他老婆实在忍不住了打电话责怪我：“你能让他早点回家吗？整天在外面跟没娘的孩子似的。”我只能说好好好，是我的问题，随后赶紧联系闻风，跟他说家里老虎要发威了。

以前，每每周末有时间我们就开车到郊外玩玩、喝喝酒、聊聊天、打打小麻将。现在他有孩子了，工作也比较忙，很少能聚聚了。不过哥们儿依然是哥们儿，我相信我们都很怀念过去那些无忧无虑的日子，希望他幸福快乐。

手机尾号 9506

我跟我爸打赌，你们会念我的短信，谁输谁学猪叫，你们看着办吧！

手机尾号 3921

为哥，我刚刚被家里人逼着去相亲，那女孩长的呦……贴上胡子跟张飞似的，快赶上郭德刚他女朋友了。你有过类似的经历吗？传授些经验吧。

手机尾号 3180

为子兄弟我很郁闷呀，就是因为在长沟我违章了，4 年了，这是第一次。我的骄傲毁于长沟呀。安慰一下……

手机尾号 2599

为哥，新年好。我没去相亲，正发烧呢，鼻子元旦放假了，嘴在值班，刚才小侄子还拿个鸡蛋放我被窝了，唉，这节过的 。

林 贺

林贺

在年轻一辈主持人里，他应该算是后起之秀，天天傻忙，忙得跟没头苍蝇似的，一累了就跟我这里诉诉苦，我总是教育他要爱惜身体多休息，多回家跟老娘待会儿，他也对我说的话表示赞同，尔后，该怎么着还是怎么着。他身材魁梧肚子巨大，如果把裤子提到肚子上头，远了看就是一7个月的孕妇，但是他细腻起来跟女孩子都有得拼。不过话说回来，贺子是个好人，有很多事都会让你记忆深刻，有时候还有点小感动。

贺子喜欢车，爱惜车，一天擦一遍，就算天气预报说今天下雨他也要擦，有时候刚擦完车就下雨了，他还会再洗一次，就跟有强迫症一样。他的理论是——车是你的代步工具吧，你爱惜它它也会回报你吧，车是你的脸面吧，人家一看你车就知道你是什么样人吧。就这点我就比不了，恨不得一个月擦一次，还美其名曰给缺水的北京省些水，气得贺子总说："哥，多久没擦车了，最近挺忙的吧，快点的把钥匙给我，我真看不下去了。"弄得我跟个好占小便宜的似的。

因为超喜欢车但是又没什么钱，所以整天有点时间就去花乡二手车市场转转，问问价格，看看车况，如果太忙长时间没去，花乡的车贩子都会想他。

谁一跟他询问车的事情，他就会一五一十晓之以理动之以情般地给人家灌输二手车的优点，弄得跟他是电台二手车代理似的，你要是不听他的，他就跟你急。

贺子对车好，我都有点怀疑要是以后他有了女友，都不一定比对车好。车子有个小划痕必须当天就修，轮胎一定换最好的，车子去保养就在边上盯着技师生怕人家给他车弄坏了。花一万五买了一辆化油器改绿标的白普桑，全车从新喷漆，发动机大修，车内顶棚换新的，减震器换新的，里外里又白白花了三万。别说，从里到外看你都会以为是一辆新车。现在我们都忽悠他让把这车卖了，他死活不乐意。也是，换我我也不乐意啊，一万五买的，最多卖一万二，还赔了三万多呢。

贺子能吃，谁跟他一起吃饭保证会被他深深地感染，不论吃什么一定点一桌子菜，上来先干两碗大白米饭，打一饱嗝后说刚刚进入状态。他不喜欢吃西餐说吃不饱，吃起来不带劲。到半夜要加餐，要不饿得睡不着觉。肚子大也是有道理的，这不是一天两天的积累。他说以前上学的时候特瘦，拿了相片给我们看，我们一致认为是两个人，要不就是基因突变……

贺子是一挺踏实的人，交给他的活儿保证干得特好，你可以放一百个心。而且他也会特细腻，一些小节日、纪念日都会记得给你买点小礼物，让你小感动一下，你说这么好的一孩子怎么就找不到女友呢。上节目他是个有心人，老拿一大夹子，里面全是高速路线图、航班时刻表、驾校联系电话、交通支大队地址等等，连去上海做车展直播都背着，这么认真的孩子日后是一定有一份成绩的，我坚信。

贺子是一个超没自信的人，台庆晚会要求我们5个演《新五官争功》，分好角色后开始彩排，一遍又一遍，他永远会在同样的地方忘词，急得我们跟什么似的，生怕他上台以后掉链子。一个月后，在工体晚会现场走台的时候他又晕了，“怎么这么大呀！我想上厕所。”“能不演了吗？”“观众听得懂吗？”“是直播的吗？”哈哈哈哈，气得我们几个都想抽他。当然演出是成功的，顺利的，他的表现出乎我们的预料。

贺子身上还有很多优点咱在这就不都说了，毕竟他还年轻容易骄傲，以后的路还长着呢，我们相信他一定会成功，一定能找到心爱的人，一定能买到更多喜欢的二手车，要是非说点不足，就是建议他减减肥，呵呵。

手机尾号 4517

为子，你为什么老穿绿色的衣服？跟你们后面的背景墙还挺协调的，很像红绿灯，你是绿灯的代言人吗？

手机尾号 9508

王为，我挺爱听你主持的节目，我觉得你还真有把小枣，我想送你个雅号叫“王电喷”不知你愿意吗?

手机尾号 4729

大仙们，我刚买了一辆威驰，求你们了，夸夸它吧。

手机尾号 5181

给解释一下今天的声音怎么和在我家鱼缸里说话一样!

手机尾号 3883

今天是我老公 40 岁的生日，是个的哥。跟他说：虽然你为了喝酒扔下我和两个孩子现在未归，在这里我也真心祝你生日快乐!

武 军

老武我们认识好久了，少说也十来年儿的哥们儿了。当然，我认识他没他媳妇早，现在回想起来他认识我的主要目的还是让我搭桥好追他媳妇。在这里不得不多说两句他老婆，人漂亮，是出了名的警花，穿一身警服站你眼前英姿飒爽的，老武每次一说这个就会眉飞色舞的。追到他老婆算是他抄着了，为了能跟我嫂子说上话死皮赖脸要请大家吃饭，打小麻将还故意输，为

武军

的是下次还能叫上他一起玩，上得厅堂下得厨房，换着法的给我们做夜宵，跟婚后的他反差太大了。要不他老婆总跟我说：“女人应该拘着点，要不容易上当受骗。”哈哈哈，不管谁骗谁吧，反正现在是成了。

老武喜欢军事，家里全是各种各样跟军事有关的书，满满一书柜，你要是跟他提做一档军事节目，他眼睛就放光，喜欢跟军事有关的所有影视剧，最猛的时候能连着看好几遍。要搁过去他一准是一战争罪犯，还是甲级的。从小梦想当一名军人，但始终未实现。有大壳帽情结，觉得怎么看怎么舒服，所以我个人认为他老婆当之无愧地给他的梦画上了圆满的句号，永远断了他这个念想。

老武是一个性情中人，高兴不高兴全写脸上了，但凡今天上节目无精打采的肯定有原因。他大方，从来不抠抠缩缩的，我们几个吃完饭结账的时候要抢5分钟，看谁手快，结完后还要补充说：“你们都小，要学会过日子，挣点钱不容易，留着娶媳妇吧，我岁数大了花销少啊。”还经常提出要戒烟：“从今天开始我宣布戒烟了，都别当着我面抽啊，我意志力差。”林贺就兴高采烈地说：“太好了，把你的烟都给我吧，反正你也从良了。”当然回答是肯定的：“不行！”没两天就复吸了，还美其名曰：“戒什么烟那，有病。”据他老婆后来举报说，戒烟当天晚上他就复吸了，哈哈哈。

他经常有点小爱心，看见年轻同事不开心就主动上去问寒问暖，给林贺介绍个把女友，帮他分析优缺点，结果是热脸贴凉屁股。差不多10年前吧，那时候我也没什么钱，就跟他合租了一套两室一厅的房子，过得好不自在，天天在一起打台球，唱卡拉OK，喝酒聊天。当然我也在这段时间见证了他跟他老婆的爱情，也明白了重色轻友是啥意思，人心不古啊。

老武人不错，是个真男人，当着外人的面对他媳妇鞍前马后俯首称臣，下车给开门，怕碰头，走路给扶着，怕摔着，上菜先给他老婆夹，怕饿着，我们都羡慕得乱七八糟的，一回到家里立马翻身农奴把歌唱，也够不容易的。

作为《1039 交通服务热线》的一员，当然要说说他跟车的故事。老武在我们 3 个人中车开的是最差的，把车开到过井里，因为手艺差倒车时倒到过树上，等我赶到现场我都乐岔气了，积极要求他把这门手艺传给我。因为手艺有限，经常三过家门而不入，到大老远的地方调头返回来。行，不多说了，怕他跟我急。

我们几个有时间就聚在一起，聊聊节目、谈谈天、说说地、畅想一下未来。

无论是朋友还是搭档他都很称职，希望他健康幸福吧，大家好才是真的好。

手机尾号 7662

为子，你已经是我们家不露面的成员了，我常用你的话教育你大哥。我老说：为子说……结果昨天我找不着存折了，问他在哪，他说，为子怎么说的？

手机尾号 9444

为子，手头有货么，给我介绍个，一定要美女，我 78 年的马上 30 了，也算是老帅哥了。谢了，过年上咱家请你猪肉炖粉条子 。

手机尾号 9858

打开晚了，原来王为你在呀，我以为你相亲去了呢，听你那声哪位是你的上家啊？

手机尾号 1393

为子，本来还想给你介绍一个特漂亮的女孩当女朋友，可你老不读我的信息，现在你没戏了，我不管了。

手机尾号 2107

问问两位大哥一件事，我从小就听王为主持，有个事情一直不明白，我都快 28 了，我为哥怎么还象 30 的，奇怪呢。

我的“大牌”同事们

杨洋、顾峰、王为、杨晨和真的铁路公安民警在一起足以乱真

交通台的每一个人都是精英，把精英凑一起当然就是一个可以打胜仗的团队。我认为广播媒体就是主持人媒体，以后电台之间拼得一准是人才，当然我不是夸我的同事们，他们真的很优秀，优秀得都让我迷糊台长是怎么把大家凑一起的，真够难为他的。我的“大牌”同事有很多，李莉、杨洋、罗兵、刘思伽、梁洪等等，个个都是全攻全守的主力队员，当然在这里不能一一说清，拣几个特别的跟您说说吧，当然他们也都是我的好同事好朋友，虽然说得肯定片面，但是您能从某个侧面了解他们。

王为、王佳一等演出交通安全宣传小品

罗 兵

罗兵

罗兵是个特有才气的人，在我看来他应该是个诗人或者影评人或者画家，再或者是个背包族，可能更符合他的气质。常常是一双人字拖鞋，屁股和膝盖漏洞的裤子，奇怪的文化衫，背一大帆布书包，如果用笔去勾画应该就是个七喜小人。眼睛里总有一种忧郁的味道，但是更多的时候是一种慵懒。

一般有才气的人都会相对比较怪，还好我跟他不错，没事总在一起聊聊天。有一次他来我办公室说："我很郑重地跟你说啊。"当时我就有点懵，马上认真起来。"你最近老熬夜吧，不好啊，瞧你这黑眼圈！"

"哈哈哈，是有点失眠，晚上老睡不着。"我解释说。

"睡前少喝水，要不眼睛容易肿。"

"好好，谢谢罗老师关心。"

"最近我在研究周易，哪天没事我给你算算，拿你练练手。对了，别老晃腿，说明你肾虚。"说完扭脸走了，我愣了足足能有半分钟。他就是这样一个人，有时怪怪的，但是我了解他，他是个好人，一个我佩服的好人，一个笑起来像个孩子的好人。汶川地震发生后，他积极捐款捐物，拿出2万元连眼睛都不眨，我才捐了5000元，这让我羞愧了很久。

我从始至终认为，要想成为一名优秀的主持人就必须先成为一名优秀的制作人，罗兵做到了。交通广播的很多形象包装都是出自他的手，到现在为止都很难有人可以超越，不是我夸他，都是真心话。

他是一个特别感性的人，说话做事都是这样，有时候因为一部电影哭得跟什么似的，有时候因为路上看到了不公平的现象就会在大马路上破口大骂，让我好生佩服他的胆色。

喜欢的东西他就会收集，家里一整面墙的书柜都放满了 CD、DVD。他喜欢绿色植物，什么发财树、芭蕉树、竹子……还有我根本叫不出来名字的，天天用湿布擦一遍叶子，还要跟植物们聊天，不了解他的人肯定认为他是一神经病，不过他无所谓，他认为大地万物都是有灵性的，你跟它交流，它就会开心，就会长得特别快。也许吧，我跟他是真没法子比，家里养了各种花都死了，连仙人掌都死了，差距呀。

罗兵特别刻薄，刻薄得让我觉得他应该是个女人，可是又刀子嘴豆腐心。

他喜欢浪漫，喜欢时尚，追求自由的生活，每天都要喝一杯黑咖啡，我都怕他把肤色喝变了色儿，哈哈哈。

他是我见过的最神的人，也是最可爱的人，他的可爱表现在方方面面，虽然我讲的这些事情显得很琐碎，但是我心里明白，因为有更多的事情是无法用语言形容得出来的。希望他保持这种诗人般的气质，女人般的刻薄，积极向上的生活态度，他的明天会更好。

手机尾号 9038

压抑，今儿开会，开一天，不过我中午吃完饭就躲车里睡觉了，挺冷，冻醒了。你们聊什么呢那么开心？笑得我一愣一愣的。

手机尾号 5751

您这节目今儿可慢点儿，别结束啊。我 3 点面试，现在公交上呢，您一 88，我就迟到了！

手机尾号 7174

跑耗子……我这车空调出风口里掉进一只蟑螂去，这咋整啊？这蟑螂的繁殖能力……万一是一只怀孕的，咋办啊？

手机尾号 1525

我来答，我来答，别看我现在就辆永久，这题太容易了。答案必须是仨字是吧？“不知道”。

手机尾号 9996

为哥，你那爽朗的声音，阴险的奸笑，都深深的吸引了我。我就是每天都支持你的小赵，上午的“欢乐正前方”和这个“服务热线”都听，支持你 。

手机尾号 3399

王为，据内部消息，你的孩子都老大不小了，可你为保持少女偶像故意老在电台中说自己是单身，是这样吗？

刘思伽

刘大牌可是个人物，有一双水汪汪的大眼睛忽闪忽闪的，夏天你要是特热就坐她边上，一准会有缕缕轻风吹过。一张胖乎乎的脸，配上扣边的短发，远了看就是小萝卜头儿。一开始她喜欢中式服装，各种款的小夹袄灯笼裤，现在改一身名牌了，不过还好，穿在她身上并不会让你感到特怪。

N 多年前她刚拿了车本子，就哭着喊着买车，在我的怂恿下买了一辆自动档的，非让我当陪练，四九城的跑，那里人多去哪，给我吓得除了擦汗就剩擦汗了，她还美滋滋地说：“怎么样新手上路能开成我这样不错了。”

“谢谢你啊，下次再有这样的好机会还是让给其他乐于助您的好心人吧。”

打那以后，只要有我在就我开，方向盘连碰都不让她碰，不过没过多久她已经开得风驰电掣的了，哈哈哈。

她是个性情中人，喜欢的人和事就超级喜欢，不喜欢的连抬眼看一下都懒得。喜欢杜德伟，喜欢韩星张东建，谁都不能说一句他们不好的，说了她就翻脸。她刻薄得跟罗兵一样，要不他们两个是搭档呢，一唱一和还挺合拍，你说她一句她说你十句，招惹她你肯定吃亏。

“非典”的时候我们台分两拨人，每 5 天才休息，5 天 5 夜里是不可以回家的，在台里打地铺过集体生活。晚上没什么事情就聚一起喝个小酒谈天说地，她挺能喝的至少半斤的量，有的人多了就睡觉，有的人多了话密，她多了就哭，也不知道想起什么伤心事了，哭得这个惨哪，第二天问她发生了什么事情，她一点没记忆，反而说我们无理取闹。

刘思伽

说真的，刘大牌是人才，广院文编系毕业的，文笔极好，上知天文下知地理，对一些人或事的分析头头是道，所以很多听众认为她的节目有看点有听头，北京台十佳主持人也不是浪得虚名的。她会是个好主持人，以后随着时间阅历的增长会把她的棱角磨平，但是性格使然，她还是她，视角依然独特，语言依然犀利。

据说她马上要走红毯了，我真为那个他担心……哈哈哈，祝他们幸福。

手机尾号 2058

为子，前天撕茄说你爱吃素，时不时吃个龙虾还把皮都吃了，明天你在欢乐正前方给她做个栏目，别老拿闻峰开涮。

手机尾号 0125

我是一个的姐，轮胎刚扎了，有好几个路人要帮忙，都被我谢绝了，我自己换的。我要在这里谢谢这些热心的人们。

手机尾号 3445

以前你们上节目穿裤衩背心，叼着烟卷儿，喝着小啤儿都行吧？现在有视频没戏了吧，够背的哈！

杨 洋

杨洋

杨洋我们认识很久了，阳光帅气精力旺盛，眼睛特亮待人热情，什么时候见他都精神抖擞。你问他什么他都热情洋溢的跟你说10块钱的，说到你头大为止。

10年前刚认识他是因为一起主持一档电视节目，因为合作时间久了“日久生情”、相见恨晚，他的热情是随处可见的，帮灯光师调灯、帮摄像师调机位、帮化妆师打粉底、帮大家挑服装……你要是说一句：“嘿，你今天的衣服不错啊！”他一准哭着喊着把衣服送你。

杨洋是个特有激情的人，每天除了上节目就喜欢打网球，还特意雇了一个教练，因为早晚都有直播所以训练只能安排在中午，害得教练晒得跟李逵似的，有一次实在受不了了：“同志，我谢谢您了，咱能改改时间吗？再这么晒下去我女友该跟我分手了。”

有一次我们两个去德国参加自驾活动，开的一水儿都是奔驰宝马，跑在德国的高速公路上相当壮观，回头率超高。当然主要是因为大家开车不太规矩，德国是不限高速的，上了高速大家就疯了，看来是在国内憋得不善。这也是我们两个相处时间最长的一次，让我记忆深刻，主要是他害我出尽了洋相，当然他也没好到哪去。

其中一天我们参加了慕尼黑啤酒节。说真的，就没见过那么多大胖子齐

聚一堂的，我都怀疑他们怎么系鞋带的，都这样了还喝呢。在一个特定的空场上大概有两个足球场大小，整齐地分布了十几个大棚，里面都是码放整齐的长条桌椅，每个大棚都有自己的主题，你可以选择你喜欢的啤酒品牌，扎啤、黑啤、黄啤随便。每个大棚里都有一支小型的乐队，酒过三巡后所有人都上到桌子上载歌载舞亲如一家，我们在不同的大棚里穿行，喝着不同品牌的扎啤，参与着不同风格的舞蹈狂欢，来自世界各地的啤酒爱好者把这里当作了天堂。我们两个至少喝了三四扎，头有点晕，舌头有点短，身上热得都湿透了，我提议出去透透气。走出大棚，11 月的慕尼黑已经有些寒意了，隐隐还能听到棚里狂欢的声音。在不远处就是嘉年华，主要是为孩子们准备的，家长在里面喝大酒，孩子们就在这里玩耍。

我再次提议："兄弟，我请客咱两个 PK 碰碰车吧。"

"哈哈哈，行！走着。看来是你这些天没开够。"我们两个摩拳擦掌分别上了车，借着酒劲儿不管不顾疯狂地撞着，现场都是孩子，就我们两个是成年人，撞得孩子们东躲西藏的。事后，我们都觉得不过瘾，要求挑战新高。杨洋指着边上的超级旋转大风车说："嘿，咱两个来来这个。"说心里话，要是在我清醒的时候 10 个人拉我我都不上去，酒精害死人那，酒壮我的胆，我当然说行了。大风车上一人没有，就我们两个人，特显眼，看机器的老太太向我们伸出了大拇指，不停地说："Good！ Good！"我心说，你看看人家德国老太太多仁义，这服务态度我们要好好学习学习。系好安全带耳边响起了富有磁性的男声："Are you ready？ Go!"大风车缓慢地旋转了起来，并且伴有轻松的音乐，我看到了夜幕下的慕尼黑，还有五光十色的嘉年华，突然有一种很惬意的感觉，而且希望这种感觉可以延长放慢，越慢越好，自己也仿佛年轻了 10 岁，我们随着舒缓的乐曲放松地张开了双臂，好像还喊着什么。就在这时候，音乐变了，变得特有节奏而且节奏越来越快，大风车随着音乐的变化也发生了变化，转得越来越快了，而且不光正着转还反着转 360 度。我们两个的叫声瞬间清晰了，确切地说应该是惨叫声，要不是我们系着安全带，早飞出去了，转得我屁股都离座了。老天爷啊，快结束吧。风呼呼地吹打着我的脸，我使劲攥着保险绳，眼前的景物也随着旋转着，我在这一刻才真正明白什么叫天旋地转。这钱真没白花，足足折腾了我们10分钟，当超级旋转大风车还没停稳的时候我们两个就相互搀扶着走了下来，看机器的老太太依然伸着大拇指："Super man! One more again, OK？"我这No还没说出来呢，杨洋就领衔主演啾的一声呕吐起来，我也紧随其后开始口吐莲花，险些吐老太太一脸，老太太吓得嗷的一声就跳开了。

之后就看到两个相互搀扶的背影边走边吐，还不忘互相拍打对方的后背，消失在夜色里……

手机尾号5533

说起喜，我今天是最喜庆的人之一了，奥运开幕，我结婚一周年，老婆今天的生日，刚刚老婆又给我生下一对龙凤胎，弄不清几喜了，乐傻我了！

手机尾号8598

为子，我的车大里程表跑到20080了，小的是808，我正停路边傻笑呢。

手机尾号3523

为子给倡议一下吧，奥运期间家里的骡子呀马呀就歇了吧。

李 莉

喜欢她的听众都会称她为李大美女，她的确长得挺漂亮的（不过我更喜欢上大学时候的她），个子高高长发飘飘，上得厅堂下得厨房，谁娶了她那真是上辈子修的福了。

在交通台我们应该是最熟悉的了，因为上大学时我们就是同班同学，那时的她比现在漂亮、清纯，惹得其他系的男生争先恐后地往上冲，轰都轰不走，现在想想还真有点后悔，我怎么就没近水楼台先得月呢。那时的她单纯，笑点低，听见什么有趣的事哈哈哈能乐一整天，但凡我说点小低俗的她就听不明白，拉着我问：为什么呀？什么意思呀？你再跟我说说。有一次学校组织

李莉

植树，我是班长兼团支部书记，带着班里的19名女生刨坑浇水。说真的累死我了，我们班就两个男生，另一位兄弟还低血糖，干没一会儿小脸儿就发白，就累我这傻小子了，我是又刨坑又搬树，女生浇水。就李莉仁义还知道给我带副手套帮我擦擦汗什么的，还时不时地问寒问暖，我这个感动啊！尽管第二天我这全身都跟要散了架子似的，不过值了。

李丽唱歌好听属于宽音大嗓那种，带有浓重的民歌范儿，音准极佳，比如唱个越剧黄梅戏什么的，举手投足间就有那个味道，天生的，没辙。

她的性格不错具有北京大姑娘特有的优点，大大咧咧，爱说爱笑，见着谁都特热情，没什么邪的歪的，你要是头一次见她她可能还假装拘着面子，等熟了可就不得了喽，完全变了一个人。她好开车，开快车，参加过越野比赛，参加过拉力赛，成绩也还不错。有时我就有点糊涂了，现在的她跟过去完全两个人，过去上学的时候可小女人了，怎么现在变成了一个“悍妇”呢。

在这些“大牌”里，我最了解她也最理解她，虽然很少见面，但是只要有时间就聚聚聊聊，这种友情是很多人不能理解的，原本想多写点的，但是毕竟隐私的事情太多，我就不揭露了，哈哈哈，祝她幸福快乐健康。

手机尾号3008

王大夫干吗去了？是不是在现场忙着跟美女合影呢？要是这样的话那绝对不能对他手软，得批斗。

手机尾号6863

我在万车网问王为结婚了吗，网上回答：他孩子都两岁啦。谁答的，真的吗？

我的良师益友

在将近 7 年的服务热线直播当中，我们的节目里涌现了很多修车的高手，什么霍没本、东子、涨紧轮、段小样、张捷达、魏工等等。他们各具特色、手艺一流、语言流畅、风格鲜明，为我们的节目增色不少，真的应该感谢他们的大力支持和帮助，没有他们的出手相助我们的节目也不会有今天的成绩。在节目之外我们也都成为了哥们儿、好朋友，他们是我的良师益友，我从他们身上学到了很多很多。当然因为嘉宾太多了我要是一一写的话，这书是出不了了，得写明年去。写两个典型人物吧。

杨友福

贫嘴杨友福的有福生活

杨友福说他小时候爸妈给起的名字叫杨小明，但是后来不得不改了，因为这名字太招事儿，哪儿都能看见诸如“有一天，小明在路上拣到了一块钱”、“小明和小红是同桌好朋友”、“小明昨天又没完成家庭作业”等等这样的句子，杨小明的家长觉得压力实在太大，好像这些事都发生在自己家孩子身上，迫不得已舍弃了这个平易近人的名字。

杨友福这个名字是我们给起的，服务热线刚开始的时候特流行给专家起外号，包括霍没本、潘东子，最牛的是管张金龙叫涨紧轮，连人家夫人都没放过，

跟涨紧轮配对的当然叫正时皮带。杨友福是最早的赶上这一拨儿了，再加上他的店叫友福，自己又常称是有福之人，关键的时候还老有人扶一把，索性我们就叫他杨友福了。

杨友福同学在节目里发挥得其实一直不好，私底下他是一特贫的人，不仅话茬儿接得稳准狠，夸个谁损个谁也都极到位。以前是每周三上节目，当了几年的嘉宾在京城擦车行里也小有名气了，杨友福多少也有些小小的膨胀，每当有初次见面的朋友提到我们的节目并表现出赞赏和喜爱的时候，他都会特客气特礼貌特小心翼翼地问一句：“那，您听周三的节目吗？”

杨友福是个爱憎分明的人，朋友的事绝对当自己的事给办，遇见不平也绝对第一时间冲上前。几年前买的房子送地下车库，收房的时候杨友福以多年的洗车经验目测了一下地库的入口，立马就跟开发商翻脸了：“你这地库的门太低了，我的大切根本开不进去，这叫什么地库？要么退钱，要么你得给我改”。改？哪有那么容易。开发商解释半天也没想出个解决办法，杨友福这暴脾气哪听得了这么多，以最快的速度联合了小区大半扇的业主以及京城各大媒体的维权记者，在某日清晨扛着摄像机采访机，直接约开发商单挑。记者们来得都早，趁开发商没到的时候大伙说：“老杨你把车往车库里开，我们拍一下车被卡在地库的镜头可以当素材”。杨友福一听立马上车，发动引擎，对准地库，然后——所有的人都大跌眼镜和相机——车顺顺当当开进了地库，离上沿儿至少还有一

杨茗钧

（北京友福汽车装饰有限公司　总经理）

个拳头的距离。

这可能算是杨友福的一件糗事儿了，其实他做过的好事确实不少。虽然是个生意人但能把交情看得比钱重，友福的生意越做越红火，他也坚信是因为自己有福，结了善缘就不愁没人帮，而帮过他的人他永远都会感恩回报。他信佛，从认识他起，早晚的功课就没见他落过，我会把他当朋友，因为信佛的人无论多贫嘴，都有一颗善良的心。

手机尾号 2652

为子，你跟潘东子说说，都结婚的人了说话还像未成年，晚上到家多喝点，平时没事叼个大雪茄，就能有老张那种吸引小女生的烟酒嗓儿了。

手机尾号 3349

为子,这位众义达的专家是何许人也？有点紧张啊。你得调节一下,我叫不紧张，遇事不能慌。

手机尾号 5348

白司令的声音很有磁性，话说得明白合理，语言风格简单粗暴有效。

手机尾号 1039

田师傅好，知道为啥不叫你专家吗？不服你。我也修上海车，不开店只修自己的永久 28，后轮打摆咋办？会修我佩服你，不然明儿就别来了，我去。

张捷达

张捷达当然是我们给起的外号，原名张忠林，奔 50 的人了，精瘦精瘦的看着就那么干练。我可以负责任地说庆洋要是没有他也不会有今天的成绩，他的个人魅力不光征服了全场的职工，还征服了每一个爱车的听众，上直播的时候只要是有他在，我就特放松，因为人家肚子里有真东西。下面就让大

家通过采访的形式来了解他吧。

张忠林
（北京庆洋汽车服务有限公司 总经理）

王为（以下简称“王”）：您干修车多少年了？喜欢吗？

张捷达（以下简称“张”）：30 多年了，很喜欢这个工作，它能给我带来许多乐趣，尤其是在解决了一个个疑难杂症之后的那种愉悦的心情。

王：您觉得工作压力大吗？为什么？

张：说实话挺大的。庆洋经过十几年的发展，越做越大，而市场竞争异常激烈，四五百人的一个大摊子，员工的安危冷暖时时要挂在心上，企业要生存，要发展，要让大家都能有一个稳定的就业环境，就要不断地创新和完善自我，不然业绩下滑了，上对不住投资人，下对不住四五百个员工啊！

王：对我们 1039 服务热线有哪些意见或要求呢？

张：7 年了，我们这个节目一直办得很精彩，也聚拢了大量的人气和众多的热线听众。希望今后的节目要抓紧时间回答更多听众的问题，让更多的人能够在节目中受益。

王：您眼中的 1039 服务热线主持人是什么样子的？

张：先说潮东吧！虽然他去电视台了，但我脑海中还能时时浮现出我们做节目时他的音容、笑貌来。现在他在电视上比在电台时傻多了。潮东是个很仗义的人，很机智也很幽默，为人处事很坦荡，是个可以做一辈子朋友的人。

为子呢，是个大小孩，但对工作的负责任和对职业的执着，又俨然是一个领军式的人物。玩归玩，乐归乐，工作是工作，在他的思想上界限分明，这也就是虽然他比我小十几岁而我却十分敬重他的原因吧。

为人处事呢，为子很大度，很爽快，也很明事理，年龄小和年龄大的人和他相处都不觉得累,我们相处七八年了,他的性格、他的人品、他的为人处事，在他那个年龄里应该说是最稳健和最成熟的一个了。

武军和林贺呢，我们接触有两年了，对工作的负责任和对事业的执着，应该是他们3个主持人的共同点。

武军做事很稳重，一板一眼，俨然一个老大哥的做派。而贺子呢，我是从“真的很德国”这句广告语知道他的,活泼开朗爱好广泛是他最显著的特点。

作为80后，林贺表现得很智慧，很多我看不惯80后的东西，在他身上真的找不到，看起来藏得挺深的。他们合作得很愉快、很和谐，以上就是我这两年来对服务热线这3个主持人小团体的总体评价。

王：您孝顺吗?

张：当然孝顺了，不孝敬父母的人是我最瞧不起的，我也永远不会和这些人相处。把家庭的安危，父母的冷暖时常挂在心上是做儿子的天职，常回家看看是每个做儿女的必须做到的。

王：您儿子跟我是同行，那您对他的要求是什么？他为什么没有子承父业？您为此伤心吗？

张：对他的要求太多了，但最大的要求是让他做个好人，做一个有德行的人，“己所不欲，勿施于人”是我和他讲得最多的话。再就是要学好技术，多向老同志学习，多向前辈们请教，当然也离不开你们的帮助啦。你们也要教他做人做事，教他怎么做一个堂堂正正的人。

上大学的时候他也利用暑假在我的厂内实习过一个月，干得还不错，但毕业后他的志向是在做体育记者上，我也就依了他。因为我知道，在职业生涯的选择上，做自己喜欢做的工作是最好的，这样可以把爱好和工作，把激情和工作放在一起，不就能事半功倍吗！就这么一个儿子，他好了，比我好

了强，我没要求他必须去学修车，让他干喜欢干的事吧，这也是我所愿意的。

王：您的爱好是什么？

张：没什么特别的爱好，大部分时间都在忙工作了，最喜欢的就是和有阅历有知识的人聊天。还喜欢钓鱼和郊游，总想着等退休了，参加个钓鱼协会呢。

王：您未来有什么打算或梦想吗？

张：我现在已经过了有梦想的年龄了，现在是知天命的年龄，人生过去一大半了，只希望退休前这几年，再把公司做得好一点，等将来我不干了，庆洋还能红红火火的。

另外，还盼着家庭和睦，儿孙平安幸福，也盼着等我老了你们别忘了我，我们还能时常见面，聊聊天、侃侃大山，我就彻底知足了。

王：您认为如何才能成为一个成功的人？

张：首先要确定成功的含义，才能说是不是成功了。最好是定一个能够达到的目标，然后去努力实现它，不要把工作当事做，而是要把工作当事业做，要执着，不要惧怕问题和困难，要有锲而不舍的精神。另外，积极向上的人生态度也决定着你的未来。阳光一点，大度一点，成功就离你不远了。

更重要的是人要知道自己几斤几两，做力所能及的能做到的事。怨天尤人，牢骚满腹，成功是永远不会和你沾边的。

王：您想对服务热线的听众说点什么？

张：转眼咱们的节目已经开播 7 年了，7 年来是广大听众成就了这个节目，如果没有听众给咱捧场，你唱独角戏能唱 7 年吗？所以，我首先要说的就是感谢广大听众 7 年来和我们风雨相伴，不离不弃的追随，与其说是交通台成就了这个节目，不如说是听众和交通台共同成就了这个节目。今后节目要继续办下去，希望广大听众朋友们一如既往地支持我们并及时提出宝贵的意见，让我们共同努力永远保持这个节目旺盛的生命力，更好地服务听众，服务大众，真心地谢谢所有的听众，哪怕您只听过我们一次节目。

手机尾号 3439

专家好，我的捷达 GiX，雨刷器没有间歇，19 号继电器换了还是没有，请问专家是什么原因？谢谢了（王小样儿用东北话给大伙读读）

手机尾号 9273

觉得张捷达的声儿像“好猫咪咪”的解说。赞一个，一定要播。

手机尾号 6765

告你们一个消息，（燕沙威斯丁酒店）有个顶级车队来北京啦，十几辆车比看车展过瘾，随便拿一辆车就能买 100 多辆捷达。明天人家就走了 。

手机尾号 6765

听张捷达的声音，那就是一个优秀的共产党员，可一看见张捷达本人，绝对是一个反面人物。

3712： 为哥，别上直播了，走吧，咱一起滑冰去吧，后海，那雪多棒！

王为： 我多么渴望加入到玩耍的行列当中，我出去玩耍老板说行了，再也别回来了，想玩多久玩多久。

林贺： 下回我去冰场不用买票了。

王为： 你是说我在那看摊了是吗？

武军

从小到大、里里外外，白话儿我这点儿不是事儿的事儿，实在诚惶诚恐，心有不安。所以虽不谋面，却觉得，这是离大伙儿最近的一回。

我的广播缘

痴迷

媒体发展到今天，我仍然对广播深爱不已，并非因为我是广播人。在我少年时，在我从事其他职业时，我就爱，很爱。

无字无画的百科全书

我对广播的喜爱是近乎天生的，没人引导，自小儿就特喜欢听。隐约记得，是6岁上学之前开始听，而且每晚要抱着半导体睡。常常是伴着播音结束后的“唰唰”声我睡得特香，半夜我爸起来给我一关我就醒。那会儿我们家最费的就是电池，那种大的，一号的。半导体什么牌子的不知道，只记得功能不多但个头不小，是个白色镶绿道儿的，大小跟盖房用的那种红转头差不多。每天，各个台什么时候播什么节目包括什么时候回放全在我脑子里。我必听的有早上的时事，中午的小说连播，晚上7点的小喇叭，7点半的相声和轻音乐，早9点半到10点的是电影录音剪辑，10点半以后的轻音乐。一年四季无冬立夏，几乎一天没落过，一直持续到上初中，就连第一台半导体坏了也没耽误我听，家里要拿出去修，我嫌费时间非闹着当天就买新的。那个时候听电影录音剪辑、听话剧录音，印象最深的是听话剧《万水千山》，只要有毛主席、周总理、朱总司令这3个人物一出场就是掌声一片。听得次数多了，

8岁时北海公园留影

有时候我就把家里的床当舞台一个人演《万水千山》，叉着腰想像着伟人们的样子背诵他们的台词，有时候也学匪兵。后来随着我一天天长大，广播的内容也不断地丰富，戏曲、相声、轻音乐，什么好听的都有。有天从广播里听到了一代相声大师侯宝林老先生的相声《夜行记》，因为我平时上下学就坐公共汽车，所以觉得其中等车追车那段特逗、特亲切。当时完全不懂包袱之类的，就觉得那词儿，那腔调儿，好听、有意思。打那以后每天晚上 7 点半的相声节目我几乎没怎么落过，经常一边吃晚饭一边乐。有些段子听得次数多了，没事儿自己就学着说说，甲、乙二人一客一主一智一愚或一正一反，插科打诨，抓哏逗趣全我一人儿。初一那年的寒假，我从广播里听说有个文艺团体办了个相声培训班，乐坏了，赶紧让家里带着报了名。只可惜学得时间太短了，不到一个月，再学就要再交钱上升级班。我学得正上瘾，可惜家里怕影响学习，不给报了。想想，如果继续学呢？如果一直学呢？成个专业相声演员也是说不定的。看见那张小照片了吧，肯定认出了里边的几位大师吧，受累您再仔细瞅瞅还有没有眼熟的，您得费费劲，使劲儿找——最后一排里有我。不再学了，听得也少了，直到前几年才又开始大量的听，现后来在网上看，每晚临睡前都得对着电脑哈哈大笑几回。

那会儿同学中兴订报纸或是订杂志，什么《少年报》啊、《儿童时代》啊，反正都是对学习有帮助的，我呢，什么都不要，对我来说有了半导体就什么都有了。那时，我对外界的感知、对一切新事物的了解，几乎全部来自广播，从广播里，我知道了“辕门射戟”典故里以精湛箭法化解战斗的人是谁，牛郎织女传说的由来，开始崇拜梁山好汉、大英雄岳飞，总之是懂得了很多很多，也让我在那个略显苍白的年代里有了许多色彩斑斓的梦。

谁会想到呢，当年一个小男孩对广播的的深深迷恋竟成为他此后一生的执着。

手机尾号 9902

完了，老武连孩子吃什么都知道。我没机会了。打今起不听老武节目了。还是为子好，声音虽然难听点，忍了。

手机尾号 4383

为哥好武大爷好，我觉得应该弄它6节，前3节聊车，后3节题外话，那多爽啊。真应该商量一下用不用我们这些人投票啊？我发10条。

手机尾号 3932

武林二位，你们怎么去农展馆了，我怎么不知道啊，谁让你们去的？我是你们的老板啊，下节目后到我办公室来一趟。

自导自演的天才少年

我对广播不仅仅只是心理上的依赖，它使我童年的岁月变得鲜活而生动。《渡江侦察记》、《奇袭》、《侦察兵》……，这些大片不光是一遍遍地听，我还演，真的，确定以及肯定。每到周末，我要把院里的小伙伴们招呼齐了，让他们按电影里的情节给在院里扯闲篇儿的爷爷奶奶们表演。当然，现在想想也就是把台词按人头儿简简单单地顺一遍，但那对我来说也绝对是大工程了，我还是个懵懂少年。为了把主要人物的台词记住背下来，我真是下了大工夫，每部电影除了翻来覆去地听，还要用笔记，因为听得次数多，有些词儿记得特牢。像《野

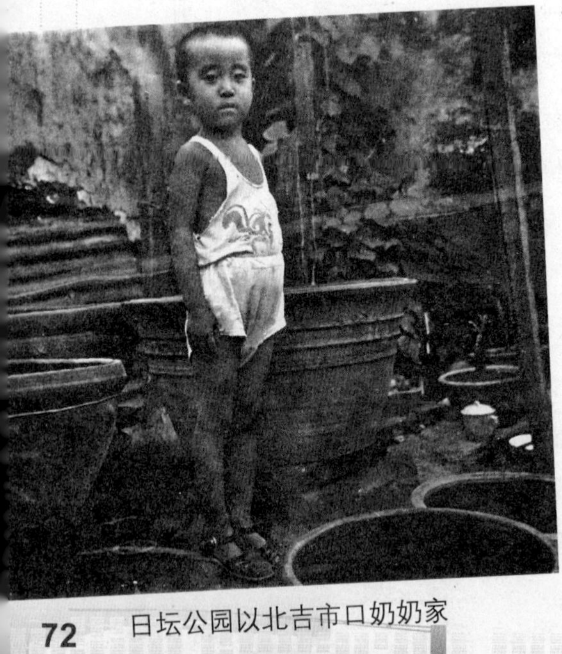

日坛公园以北吉市口奶奶家

火春风斗古城》里杨晓东和关敬陶的一段对话，就是到现在每一句还都特别清晰。

关团长：杨先生，进来容易，出去可就难了。

杨晓东：我来这儿，是想和团长说几句话，看看能不能交个朋友。

关团长：各为其主，谈不上朋友。

杨晓东：那就说几句话，到时候，我再坐你的车走也不迟。

关团长：说吧。

杨晓东：关团长是个知书达理的人，目前的形势，我想不用多说了吧？

关团长：我清楚得很。

哈哈，怎么样，我没忽悠吧。把台词背下来之后呢，我还得向小伙伴们逐个分析人物特点，好人坏人谁适合什么谁演哪个角色。唉，人家当导演什么都是别人上赶着，而我则正好反着，什么事都是我求着人家，没少着急。不客气地说，有的小孩真挺笨的，有一回排《看不见的战线》，里边有几句接头暗号："你拿的什么书，歌曲集，什么歌曲集，阿里拉。"就是这么简单的对话，我教了好几遍他就是学不上来。还有的是不听招呼，让他演反面人物他不干非要抢我的角色，那哪成啊，我永远是英雄的不二人选。更有让我急得几乎要哭的是，我这儿着急上火一下午好不容易排得差不多了，张三让他妈叫走吃饭去了或者李四让他爸领走去串门儿。唉，每每到这会儿都是我导演生涯最委屈最无助最低调的时刻，因为我要一改我的神气十足，低眉顺眼地去央告人家家长，可谁听我的呀，除了我，谁拿我当根葱啊。那时候我心里老是想起《南征北战》里的经典名句；"张军长，看在党国的份儿上，拉兄弟一把吧，"嘿嘿，要真敢说出口人家不抽我才怪。最后荒腔走板缺三少四地演的时候，我这个导演兼主演还要在意观众们的反应，我发现爷爷奶奶们时不时的会小声嘀咕，这让我兴奋，让我有成就感。现在想想天知道他们那会儿是谈感受呢还是聊菜价呢。也不是所有的时候都如我所愿，人凑不齐了，我就仰面躺在院里的石凳上，闭着眼，以想像力来完成我的导演和表演。那时候最喜欢就是打仗的和反特的，有时候放学回家走在我们长满高大杨树的大院里，听着近得就像是在头顶上的飞机的轰鸣声，我会突然的冒出一句："这座城市就叫瓦尔特。"

也许是因为那个年代的大环境，也许是父母们更多想的是努力抓革命促生产，所以一般家庭极少有对孩子进行特殊或专项培养的，否则，谁敢说日后我不会出息成一大导演，或者导个小剧场话剧啥的呢？像我上小学的外甥女，觉得说话像小大人儿马上给报了个主持人培训班，看着腿长赶紧送去学舞蹈，会吹口哨马上送去学黑管，掐指算算几年下来报了不下10个班儿。对了，说到剧场，我想起了《金婚》，军事、历史以外题材的电视剧我看的不多，但《金婚》热播时我从头看到尾。除了感叹我们的父辈在艰难岁月中依然对事业充满执着和在粗糙生活里始终坚守着那份真情外，特别吸引我的还有这个戏的场景，就是剧中佟志和文丽住的那个单位宿舍大院儿，特别特别亲切，唤起我好多好多回忆，因为我当年带着我们那帮孩子就是在那个大院儿里表演，而《金婚》就是在我出生并生活了20多年的那个大院儿里拍摄的，你说怎么就没让我演个小角色呢，真屈才了！

手机尾号8066

男人最大的娱乐是足球，最大的玩具是汽车，汽车的节目应该有足球。我把欧洲杯的观后感发给你们，以感谢你们的服务。

手机尾号3255

万车网我上了，挺好。以后多沟通，我就信你们。

手机尾号2599

两位好，可看见你们了，我在遵化呢，跟我挥挥手。

手机尾号4434

两位主持及专家，短信跪着给您发。某日打车怠速低，再次着车特别高，三次起步才正常，什么毛病不知道，告诉原因好不好？磕头谢谢了！

司法栏目的学生主持

那是上中学了吧，我给自个儿置办了个小半导体，银色的，带个小耳机，那是我心仪很久的。这样一来，不用老窝在家里了，走哪听哪。那种心情怎么说呢，现在琢磨琢磨很像我前些年买第一辆车时的感觉，新鲜、美、爱不释手。可是没过多久，电影、电视、小说、卡拉 OK，各种文化娱乐开始花样翻新，弄得人眼睛、心思都不够使了。我呢，当时高高的瘦瘦的帅帅的，一帮男生出去乐呵总少不了我，所以一下子，广播在我心中的地位受到强烈冲击，从主流地位被挤到一边儿，小半导体自然也不再是我随身必带的物件儿了。

1986 年我在陪同学考学校广播站时，误打误撞地被招了进去，1990 年第一次从广播中听到了一种全新的声音，这两件事对我是个里程碑，让我重新认识广播、爱上广播，直至今日，直到永远。

我有个同班同学叫张翔，白白净净文文弱弱，是学生会的骨干，文艺积极分子。有天，非拉我陪他去考校广播站。记得当时考官就一位老师，一张报纸，用红笔圈好了一篇文章，递给张翔让他读，张翔像朗诵作文一样很认真很投入地念，我却在旁边忍不住直想乐。完事儿，老师还没发话我就忍不住多嘴，因为是哥们儿就无所顾忌，我拽着他一边往外走一边说：“得了得了，就这，你省省吧。”表情还透着点不屑。张翔倒没说什么考试的老师半吃惊半生气地说：“他怎么啦，你就能念得多好啊？他不行你行，你念一个我听听。”嘿，我这人天生的倔，还特不吃将，念就念谁怕谁呀。我走到老师桌前拿过那张报纸学着广播、电视里播新闻的腔调念了前两小段儿，结果我刚念完老师就说：“嗯，不错，你，愿不愿意来呀？”闻听此言我颇为得意，可嘴上还是装做有一搭没一搭地说：“算了吧。”说心里话，我当时多少有点看不上什么校广播站，小学时在广播站呆过，教务处一麦克风，念念考场纪律通知个运动会什么的，也就这样，所以觉得没多大意思。当老师说再好好想想愿意来就来时，张翔一个劲儿地跟老师说：“他来他来。”然后使劲儿捶我一拳说：“得啦，别端着啦。”

进了校广播站着实让我吃了一惊，准确地说是给了我一个惊喜。卡座、CD、开盘带、调音台、录音室，条件设备一切的一切那是相当的专业。就连制作的节目也不是只在校内播放而是有专门的频率，一定范围内都能听到，这么说吧，有点像现在的区县广播。这阵势把我彻底镇住了，我不再不服不份儿的了。我家住管庄，离学校很远，课余时间都奉献给了马路。为了有更多时间留在播音室，我抱着铺盖卷儿离开家住到了学校附近。我有个同班的好哥们儿，家离学校近，爸妈住三楼他一人儿住一楼一个小一居，我软磨硬泡死说活说挤了进去。之后便开始耐心地跟老师学播音，跟着高年级同学学写新闻稿，准时准点儿收听北京电台《中学生时事广播》。我天生嗓子不错，从小又老听半导体，所以稍一点拨就进步很快。因为播得比其他同学强，没多久，每天 10 分钟的节目起码在播音上就全叫我包了。唉呀，广播里居然有了我的声音了，尽管不是完全意义上的广播，身边时不时会有人夸赞我了，尽管多半都是同学。

现在想想，似乎冥冥之中老天总是在帮我，我选择的学校和广播完全不沾边儿，可学校里就偏偏有一个那么专业的广播站。

1990 年夏日里的一天，我从半导体里听到了一种我从未听到过的声音！“1026 千赫”，北京经济台，那里面的声音，不是字正腔圆，而是像拉家常，有韵味、有魅力，我被它深深地吸引了。观念上的重大变革催生了整个广播界革命性的变化，新的办台方针和节目理念带火了整个广播业，我一直觉得当年的《北京经济台》其后的《北京交通台》就起到了这样的作用。而至于我个人，将来从事广播这个神圣职业的梦想，也就那时在心里萌生了。

我的小小校园广播站，我的手把手教我的李老师，触动我内心深处的经济台的广播，他们已深深地留在了我此生的记忆里，是他们，让我与广播有了实质性的接触，没有他们，也许我永远都只是个热心听众。

手机尾号 6327

主持人说的北京话与普通话是有区别的吧。武军一定要保持自己的个性和风格

才是最自信的！武军若说：“今儿大晚不晌儿到介丙吃灌肠”是什么效果？

手机尾号 5431

是我吗？我选的 A，谢谢 CCTV、BTV、MTV，哪领奖来着 ？

手机尾号 4120

太倒霉了，眼睁睁看着一大姑娘剐了我的车，她正停车入位，那叫费劲，我看了 10 分钟了，结果……太郁闷了。

手机尾号 2565

我的天啊，你们哥俩终于来了，我在新发地堵半天了。赶紧聊点兴奋的吧。

手机尾号 5574

你们专家也应该按汽车尾号每月轮换。

抉 择

选择就意味着放弃，舍不得放弃，选择便会艰难、痛苦。其实，放弃有时是为了更好地得到，是在放弃中求得新的进取。选择，一定要听从自己的内心。

司法学校学生

与生俱来的当兵梦想

话说 1988 年（福建）海峡广播电台到北京招兵（播音员），得到消息我就去报了名，当时对它的编制体制完全搞不懂，只觉得是比赛。初试记不清是在哪个学校了，当时我准备的是李白的《早发白帝城》，虽说就那么四行两句，可我没少下工夫，翻来覆去练了无数回。考试那天我信心满满，谁知才朗诵到一半儿就被叫停，考官面无表情说：“好了好了，回去等通知吧。”我正在兴头上，一下子被打断，被请出去，一时间回不过神来，愣在那儿，直到看见另一位选手冲我走来，才悻悻离场。“好了好了，回去等通知吧。”回去的路上，考官这两句短短的话让我觉得是我听到过的最无情、最冷漠的话。几天后，校传达室的大爷递给我一封信，我拆开看，一下就惊呆了，是让我到北京人民广播电台一层录音间参加复试的通知。我那个美呀，心花怒放兴奋不已，因为进了复试,还因为终于我可以迈进我想像了无数回、神往了无数次的地方了。可是复试的时候，一个消息令我倍受打击：参加复试的除我之外其余十几人都师从著名播音员。我沮丧得很，几乎要打退堂鼓，不过还是咬咬牙坚持住了,我得看看他们到底好在哪。所以我考完了没走,站一角落里一直看别人考，最后我服了，也泄气了，人家太专业了，比我强多了。走到电台大厅时，我有点舍不得出去，后悔没带相机，好不容易进来一回，怎么也该留个影才对，以后有机会还能跟人家拽拽，说我来过广播电台。一个月后，就在我已经淡忘了这件事时，我接到了再去考试的通知，我的天，太意外了，我简直不敢相信，我居然进了决赛（我一直觉得就是比赛）。我狂喜！

考试，然后焦急地等待不知还有没有的结果，以至有一次上课老师点我名提问我都没听见。

十几天后，卫戍区政治部的同志找我谈话我才知道，我面临了我 18 岁人生的重大选择——我考上了海峡之声广播电台，户口要转到福建，当兵，当播音员，这简直是天大的喜讯！时至今日，我仍然记得当时的情形：从谈话的房间出来，靠在街边的墙上，我不自觉地想落泪，我魂牵梦绕的向往啊，终要成为现实，我怎能不幸福、怎能不开心。好久好久之后，当我完全平静下来，当我记起那些谈话的内容时，我又慌乱起来。我拿着通知信跑回学校跟校长、教务处主任把来龙去脉说了个清楚，然后课也没上又飞奔回家跟父母禀报。这是件大事，不光对我，对我们学校也是，4 年学业我还差一年多，现在走了算什么，毕业？肄业？校方很慎重，几次开会研究。其实家里那边我一点不担心我能做主,关键就是学校。可是事态的发展竟完全出乎我的意料，

校领导真是仗义，几番讨论之后决定给我开绿灯，准许我提前毕业。反倒是我家里炸开了锅。我妈先是一阵比她儿子还高兴的高兴，后来怎么琢磨怎么又觉得不对劲，再加上同事也跟着撺掇，最后终于跟我急了：“多少人想来北京都来不了，你还要把户口转走，将来回不来怎么办？我就你这么一个儿子，娶媳妇怎么办？不在北京当主持人，干嘛非跑那么远！”我妈连质问带指责整出了一·大堆。户口回不来到底有多严重我不知道，只是我妈态度之决绝，语气之生硬，让我觉得他儿子我好像不是成功考取了而是闯下了什么大祸。

打记事儿到现在我难过的时候有，少，即便是我妈把我的腿拧得黑紫、跟同学打架鼻梁骨被打折或者是我老婆当年恶狠狠地说要跟我吹。但这件事是真让我难受了而且好长时间都过不去。我妈的一句“户口不能转”终结了我的当兵梦。不过看看后来我成为电台主持人这件事,我又不得不得说一句：母亲大人圣明。我妈她老人家呢，也不谦虚，自我进了电台之后每逢有跟我有关的事儿她总是抢着拿主意，并说：“听我的，准没错儿！”自信心爆棚。

手机尾号 0373

今天这男主持声音不错啊！为子，这老哥跟你搭档挺好，就这样吧别换了。上周那哥哥主持外国台的吧？有口音 。

手机尾号 1298

听节目超过 10 年，用我的窝心的山寨机初发短信，老武、鹤（音）子二位好，王为长得很阳光，是个表里如一好孩子嘛！

手机尾号 1164

我媳妇可自己开车出去了，哥儿几个让着点，兰色客货车。打了蹦灯不一定回，多包涵。平安回来，让我家过个好年。

手机尾号 0620

奖品应该丰富点，象电脑啊，汽车啊，单身男女呀……

手机尾号 1841

现在的女娃娃不得了，那天在出租车里，说亲热就亲热，说骂人就骂人，脆着呢，下车有礼貌，叔再见，混和体。

难以割舍的我的最爱

在学校做业余主持期间，招我进广播站的李老师经常给我指点，虽说他也不是专业的，但对我足够了，跟着他，我的播音、主持、写稿都长进了不少，哪有什么跟播音有关的比赛他也鼓励我去参加。我呢，也愿意挑战自我，其实就是自我感觉良好，无知者无畏。1989 年中央人民广播电台在全国举办普通话大奖赛，老师在报上看到消息就给我报了名，我当时不知道该复习些什么来应对比赛，就天天戴着随身听，找感觉。也为此我一次又一次踏进北京电台的大门参加北京赛区的考试。初赛、复赛、决赛，在我的福地，我心中的圣地，我一路过关斩将（当然全部都是业余选手），最后幸运地拿了个北京地区的第三名。那一回我格外开心，一来比赛得了不错的名次，二来我终于有机会见到了过去只闻其声不见其人的几位我崇拜的作为评委的大牌播音员，同时通过几轮考试也让他们记住了我。其中有两位老师就在考完之后问了我好多考试以外的问题：喜不喜欢新闻、跟谁学的、家里有没有干这个的等等。那次比赛之后，我经常一阵阵做白日梦，也许，我能跟电台结缘？

年轻的检察官（右边那个就是我）

果然，就在 1990 年我毕业之时，我面临了两种选择，去北京电台做播音主持或者进朝阳检察院当检察官。其实，从参加完普通话比赛之后我就一直和北京电台的梁静老师肖童老师保持着联系，那时他们是北京电台播音部的领导，专门负责管理播音员，他们也一直关注着我。得知我即将毕业，梁老师给我打电话说找个时间谈谈工作的事，我知道，老师们是努力想给我提供机会让我进电台工作。放下电话，我的心里充满感激，多好的老师多可敬

的长辈啊，一如当年准许我提前毕业的校长和老师，仁爱、善良，知晓我这颗热爱广播的心，希望能帮我成就我的梦想。按理，这是天上掉馅饼的事，我该乐晕了才对，可是在接下来的近一个月时间里，我却忧心忡忡犹豫不决复杂而矛盾。过去自己年少轻狂不知几斤几两，盲目乐观，一旦真的去了电台，人家都是专业学播音的，至少都是广院出身的，像我这种“野路子”，而且学的专业和播音、新闻完全不搭界，别说竞争，进去之后否能立足恐怕都成问题。而去检察院呢，应该说是学有所用，工作起来也会轻松自如得心应手，还有那身神气十足的制服，兵没当成当个人民检察官多少也算个弥补。到底怎么办？我把自己推到了两难的境地。去吧，着实底气不足，不去呢又心有不甘。因为知道这个选择的重要，重要到基本上就是决定我的前途命运，所以我压力前所未有的大，大到根本没有勇气做出决定。20多天过去了，眼见同学们都在陆续办手续，我知道万万不能再慎着了，没有时间了，必须马上做出选择。这时候的我有事早已不跟家里商量了，好赖都是自己做主。一天下午，我心事重重地从管庄一路向西骑车去了日坛公园，缓缓地爬上我最常去的土山，坐在小亭子里。落日残照加上潮湿的空气，令我的心更加纠结，我面向着南边电台的方向，足足坐了3个钟头，直到电台大楼渐渐隐入沉沉的暮霭。

这个决断对我实在太过艰难，舍弃哪一个都让我疼痛不已。

继海峡电台之后，我再一次与广播失之交臂。

手机尾号8120

武军你好，你在人们心目中的形象是很严肃的，很有当年老包的那种威风，可与老艺术家李默然画等号。

手机尾号5533

说起喜，我今天是最喜庆的人之一了，奥运开幕，我结婚一周年，老婆今天的生日，刚刚老婆又给我生下一对龙凤胎，弄不清几喜了，乐傻我了！

手机尾号9393

我是有钱人，上哪都开车。不过我那车最近有点毛病，提速慢，开始我以为是化油器脏了，一检查才知道……是脚蹬子掉了。

威 武

手握达摩克利斯神剑，倾听申诉，戳穿谎言，惩戒罪恶。选择了检察官这个职业，就是选择了以铁肩担道义，用侠骨促公正。我庆幸，我有那样一段人生。

无怨无悔的检察官生涯

至今，在我家衣柜里，一套橄榄色的洗得干干净净烫得平平整整的检察官制服还挂在那儿，尽管我不做检察官好多年。曾经，那是我最帅的时装，尽管它套在我当时十分清瘦的身体上怎么看都和威武不沾边儿。也许是时时刻刻提醒自己是一名人民检察官，所以那时的我几乎永远绷着脸没有笑容，神色间老有点凛然不可侵犯的不怒之威。

1990 年，带着满腔的热情我迈进了检察院的大门，正式加入到了政法队伍的行列。那一刻，我暗下决心，要用自己的一生去捍卫神圣的检徽。

刚刚上班时，制服还没有发下来，我等不及，问同事借了一套先去照了个标准像，然后没事就拿出来端详，觉得自己前所未有的精神。

检察机关有很多业务部门，我没去之前就相中了反贪部门，就是当时的经济科。因为它是具有自行侦查权的两个部门之一（另一个是法纪科），专门跟国家蛀虫斗智斗勇，想想就觉得刺激。可是分配工作时，却让我去了起诉科，就是现在的公诉处。我老大不高兴，先前的兴奋劲儿一下子没了。管分配的前辈看出了我的心思，说："怎么着，不乐意了？你还别小看了起诉科，那可是咱检察机关的看家部门，你要是在那儿成了大拿，其他部门平趟。"真的吗？虽然还是满腹疑惑，可还是按要求去了，心想，看看再说。

带我的师傅姓佘，头一天他交给我的任务是钉卷，就是把审理完的案件卷宗收拾整齐装订成册便于归档。我当时心里很不舒服，这不是让我打杂儿么，

我可是来审案、办案来的。碍于人家是师傅我又是新来的，所以虽不情愿也还是干了，只是心不在焉、马马虎虎、丢三落四、歪歪斜斜。完成后交到师傅手里，他看了看啥也没说，从柜子中拿出一本卷宗让我看，只见那本卷宗四边整齐得如四条线，翻开看，里面的证据材料有条理、有秩序。师傅说："可别小了看钉卷，首先，钉卷的过程同时也是检察官对案件进行重新梳理的过程，其次，整理好的卷宗是检察官出庭办案时最得力的助手。起诉工作没有小事，任何一个环节都极为重要。"

我知道，我不仅仅是马虎的问题，是没有从思想上真正认识起诉工作，过去的好多想法都不够现实，要做个合格的检察官，就必须踏踏实实认认真真，往往最细微、最基础的工作是最不能忽视和轻视的。

师傅教会我业务技能，也让我明白了很多做人的道理。师傅没什么爱好，就喜欢抽口儿，可是我发现，只要是有律师或是当事人来访时，时间多长他都不抽烟，人家敬他，他说他不会。有一天他带我外出调查取证，在人家单位他又说不会抽，回来的路上我就问他为什么，他说："知道你抽烟人家就会敬你，今天敬根烟明天可能就送一瓶酒，后天也许就会请你出去吃饭，日久天长，咱们的形象就毁了，咱们要是习惯了，慢慢地就会失去公正，就不能做到秉公办案，而作为人民检察官，这等于是犯罪。"

4年，在人生长河中显得短暂，但这4年，却是非同寻常的4年。我体味到了检察官的清贫和辛苦，更感受到了检察官的风险和责任。现在我和当年检察院的几个同事还是生死与共的哥们儿。因为我难忘我们一起经历的坎坎坷坷风风雨雨，难忘我以青春和热情忠实实践维护公平与正义的诺言，让违法者胆寒，令硕鼠们心惊的那段战斗人生。

手机尾号1770

为哥，武哥，今天你们俩升堂啊，"为—武—"嘛。

手机尾号7655

就爱听这个时段的节目，因为我爱牧马人不行不行的了，准备攒够钱就换一辆，这都成了我工作的动力了！我是一女孩，开车跟大老爷们儿似的。

手机尾号 7568

虽说我没车！虽说我刚 14！但我就爱听你们贫！

手机尾号 1733

给你们发信息老不念，孩子开始叫你们臭叔叔了，还说为叔叔为什么说话老手舞足蹈的？

特殊身份的播音主持

上天真的很恩宠我。

我虽说认认真真地做着我的检察官，可对广播的钟爱、对主持人的向往还是时时在心底涌动。1993 年 2 月刚过完春节，有朋友告诉我电台正招客座播音员主持人，就是那种兼职的、业余性质的。天呐，我欣喜若狂，我要去，一定要去。那时候我手头儿正办着个特急的案子，一个星期后案子刚一结，我就狂奔到了电台，结果却被告知早已过了报名时间。这种客座性质的工作对我来说实在是再合适不过了，我太不想失去这个机会了。我黯然神伤，不知该怎么办。忽地，我想到了梁静梁老师，能不能求求她。说起来已经 3 年时间没见过梁老师了，我担心她已经不记得我了，即便记得也未准能帮得了我。传达室师傅给梁老师办公室拨了电话之后我的心就七上八下不安起来。梁老师很快下来了，谢天谢地她还认识我，在了解了情况之后她表示自己也很无奈、很为难。一下子，如数九寒冬兜头一盆冷水让我从里凉到外，从头凉到脚。我呆呆地僵在那儿，不肯走。陪我站了好一

主持《经济大观》

会儿之后，只听梁老师说："跟我来吧。"

那时梁老师在经济部负责一个叫《经济大观》的节目，这个节目的配置是一男一女两对主持人，很巧的是当时正好缺一个男声，于是梁老师直接带我找到了系列台台长，向他说明了我的情况并请示能否让我试着参与《经济大观》节目的主持。感谢那个改革的年代，感谢恩师的大力提携，更庆幸遇到了如此开明的领导，在对我的政治表现、语言表达、文字基础等基本素质进行考核之后，我如愿以偿当上了客座主持，而且是由梁老师亲自带。

主持《经济大观》

《经济大观》是一档杂志式的节目，有新闻资讯，有经济话题。我呢，录资讯时是完全的播音腔，到话题时又一下松懈下来像在随意聊天，结果听起来特别难听特别别扭。当时新闻台的领导、老师没有批评我，而是像家长一样呵护我帮助我体谅我，梁老师更是手把手地教我。在录新闻类的稿件时，梁老师一句一句地听，一个字一个字地抠，常常，为了达到梁老师的要求，一篇稿子她要带着我反反复复录上十几遍。

不干不知道，真的来到电台上了节目我才发现，作为广播人需要有坚强的意志坚定的信心和铁的纪律，特别是在时间上，比我们做检察官的还要严格得多，别说是一分钟，就是一秒钟都耽误不得。但也恰恰是这一点，让我有时候陷入两难的境地：一边是准时准点要主持节目，一边是正提着犯人录口供离不开，有好几次甚至因此险些误了播出，让我觉得真是万分地对不住梁老师。这时一个机会来了，台里要招 3 名正式编制的播音员。几年前，我在两者中艰难地做出了选择，今天，还是这两者，我要再次做出选择。这一次我没有犹豫，坚决申请进台，成为一名真正的播音员。可是，历史是惊人地相似却非简单地重复，一段时间后另外两人都顺利入台，而我却遇到了极大的困难。一方面我非科班出身，不符合台里的进人规定，另一方面，按照规定我在检察院工作不满5年不准调出，而我那时上班还不到4年，又是差一年多。不过最终，天遂人愿，蒙北京电台、朝阳检察院领导对年轻人的无私关爱和宽容理解，这件看起来难度很大的事顺利解决，我调入了电台。十几年过去了，时至今日每每念及此事我都感叹不已，在我人生的重要时刻我总是遇到贵人，是他们的善良和宽厚，是他们一次又一次的推波助澜才成就了我的今天，没有他们，此生我无缘广播，更没有今日。

引我入行的我的恩师，给予我无私帮助的各位领导，所有在我成长历程中给予我滋养的我的前辈，我将永远铭记你们不图回报的惠助之恩，并时刻怀着感恩的心去面对生活、面对工作、勤学苦修、踏实做人。

手机尾号0012

老武，做节目放开些，把嘉宾侃晕了，节目也就做好了，不信试试 。

手机尾号7522

我觉得你们的片花应该改一下，改为你猜这节目多长时间？我觉得怎么也得半个小时吧！那是广告时间！你们节目时间太短一点都不过瘾！

1985：我们家男佣超爱你们节目，天天等着1点半，每次到有奖问答的时候抱着手机狂发，什么时候能中，没个头，我真担心他的手机，你们什么时候看到133……668的一定要加小心。

王为：行。

《1039》纪事

《1039》

广播所给予我的，远比我为它付出的多得多。拜北京电台所赐，我有了一份我深爱的职业。而《1039 交通服务热线》，则使我的真诚与执着有了最可依附的载体。

初次尝试的奇妙感觉

调到电台的第三天我就正式上直播了，一来机器、台子、卡座、CD、MD 都熟，二来我对自己的要求是不许有缓冲期，三是领导、老师们给予了我充分的信任。15 年，走过新闻台、教育台、生活台、交通台，做过《经济大观》、《北京新闻》、《茶园论道》、《酒香漫话》、《戏曲大观园》、《法制天地》，直到 2007 年来到《1039 交通服务热线》。

主持《戏曲大观》

熟悉交通台的听众

都知道，2006年底跟王为搭帮的主持人潮东离开1039做了电视主持人，王为需要找新搭档。男的女的大的小的两个月时间足足试了十几个，这其中就有我。知道让我试的时候，熟悉我的哥们儿同事都觉得不可思议。因为从小向往当兵，因为初中就离家单住，因为学的是法律，因为做了4年检察官，还因为做了8年的法制节目，所以不太了解我的人都认为我不苟言笑、缺乏幽默。王为选我试，我想是因为我们有同吃同住的经历，他了解我。爱人支持我试，是因为虽然家里只有我们两个人，也常常因为彼此被对方逗得前仰后合而充满欢笑。不过说是这么说，心理素质一直也不错，可答应试试之后，我还是被那种发毛发虚心里没底的感觉折磨得没着没落儿——压力真的很大。交通台这个平台太好了，有车的朋友特别是出租司机师傅几乎全听，潮东和王为这对组合太出色了，他们在北京家喻户晓。而接下来的7天让我的这种认识特别是对交通台这个平台的认识得到了充分的印证。第一天下了节目，仅仅是第一天，我的手机就炸了，短信、电话一个接一个，以前的同学同事全问一个事儿："你在交通台呀？你调交通台去啦？"。要知道在这之前，我

直播中

们很少联系，我在哪个台、做什么节目他们都不知道。

7 天的节目做下来我感慨良多也受益匪浅。虽说多数时间是专家在给听众答疑解惑，可我却觉得自己也在近距离的为听众服务，虽说经验不足有点紧张，可那种感觉太新奇、太舒服了。现在很讲究互动，以前上节目虽说也是直播，可主要精力都放在稿子上，我在里边播，听众在外边听，而《1039 交通服务热线》让我觉得听众和我在一起，我们在近距离地交流，我在面对面地为大伙儿服务。

短短 7 天，褒贬不一，但就我而言，收获多多，无论最终能不能上这个节目，我对广播、我对听众、我对我自己都有了新的认识，对未来如何做好广播节目有了更深的思考。

说到褒贬不一，我得专门说说听众短信。7 天，短信平台上对我的评价各种各样、五花八门。损的、挖苦的甚至谩骂的都有，当然更多的还是鼓励。有听众说：“潮东哪去了，我就喜欢他”。“哪儿找的主持人，这么死板”。“为子，要是这样干脆换个女的吧。”还有的说……，嗨，不说了吧，反正是针针见血。看着这些短信，要说完全无动于衷那不客观，不过我能理解。大伙儿太喜欢这对组合了，他们不希望有谁替代他俩中任何一个人。他们在和王为一起挑选这个搭档。其实，单从播音的角度，我有自信，谁要说 PK 播音，我敢比试比试，但主持就不一样了，它和播音是两回事，多年来这一直是我的弱项，尤其是主持《1039 交通服务热线》这样的节目。所以，我要特别感谢那些给我以真诚的批评、善意的指正包括因不了解而产生误解的听众，他们从侧面激发了我，让我不但没灰心反而觉得心里有底了，因为客观的说，我做节目十几年，还真没听到过对我这么全方位的评价，包括声音条件、主持风格、习惯用语等等。他们让我可以更有的放矢地改正和调整我自己。正面的支持鼓励要，反面的监督提醒我更需要。

手机尾号 1701

这个新主持人是不是刚在领导岗位上退下来呀？每说一句话后都带一个“啊”字，

没说错吧？

手机尾号 7404

武哥的文学造诣不错，说话朴实，我准备武饭了，不迷为哥了啊，哈 。

手机尾号 4383

为哥好武大爷好，我觉得应该弄它 6 节，前 3 节聊车，后 3 节题外话，那多爽啊。真应该商量一下用不用我们这些人投票啊？我发 10 条。

武林中人的别样传奇

“武林王”这个封号最初到底由哪位大侠发明，现已无从考证，传说中说法不一，我只知道是指武军、林贺、王为，还有就是我们亦庄亦谐仗义执言的主持风格。对这个称谓，听众喜欢，我们喜欢，嘉宾喜欢，只是我们全无武功绝技，有的是一片赤诚的侠义之心和广交天下豪杰的热血柔肠。

其实要说这“武林王”，应该不仅仅是我们这三兄弟，执掌独门秘籍的修车霸主“张捷达，”、冷艳俊俏字字珠玑的侠女“燕儿警官”、一路北上所向无敌的高手“小胖儿”，一来一往招招儿见功的杂家“魏工”，还有“刘保儿”、“潘冬子”、“霍没本儿”、“杜销售” 、“郭博士”等等等等，都是同道中人。几大门派各怀绝技，以他们多年修得之神功，三招两式便对症下药，化解疑难杂症，真真是到了无剑胜有剑的境界。而有了这班身怀绝技武艺高强的众兄弟，“武林王”行走江湖才如此从容，如此大胆。

服务热线的听众、网友中有很大一部分其实并不修车甚至根本没车，但他们就是钟情于这个节目，钟情于他们喜爱的嘉宾。有喜欢邵青的，说话慢条斯理儿出题刁钻有深度，你这边急出大天来，他那厢也是开口先慢悠悠地来一句：“这样吧”，然后才张弓搭箭，开始出招儿。有爱看许进的，为人低调技艺超群，一颦一笑与某位大名人不仅形似而且神似。有专等杨总的，永远一副充满善心的大侠风范，只要他在，准会大方拉肉让你得到点儿实惠。有打听王阳的，店里店外三句话不离本行，年轻帅气不失沉稳，常有姑娘短信打探是否名“花”有主。有……，反正是各有各的喜爱。而这方面，“张捷达”

可算是独占鳌头，占尽风流。首先，老张的功力那绝对是炉火纯青出神入化，非一般人能望其项背。他在，我们节目的短信都比平日多，点击率也高。不夸张地说，“庆洋”的这块金字招牌不光叱咤京城修车界，便是在四九城那儿也是颇有名气的。不光技法精湛，他和听众家长里短儿，见解也常常高人一筹。其次，有人喜欢老张颇有磁性的声音，有人爱听他酷似邱岳峰似的味道，还有人就是跟他唠嗑儿。我一发小儿知道我做服务热线，千方百计联系到我，我挺感动,可实际上他是让我帮忙引荐“张捷达”。问他是否宝马良驹出了问题，他说没有，觉得“张捷达”有时像慈父，有时像大哥，有时又像可以信任的哥们儿，很厚重、有内容，想认识认识，看能不能交个朋友。听罢，我心生感慨，这种江湖中的德高望重，令我羡煞不已，我知道，这是老张的道行，是他历尽经年潜心修炼的结果。

说张捷达，就必得表一表他的爱将邵青。

话说当年不满20的邵青带着在家乡学成的手艺只身闯荡京城，吃苦受累辗转多处最终投到庆洋门下。通常这一行里的人大都火三火四快人快语，可此生怎么瞧怎么和修理汽车不搭界，于是众人怀疑他是不是修车这块料。幸得张捷达慧眼识珠，认定此人不俗，日后必成良才。结果不几年工夫，这邵青果然成了人物。拜

武林王

下张捷达这位师傅不说，还扛起了庆洋技术总监的大旗。在《1039》这方宝地，众豪杰你方唱罢我登场，为听众献上他们看家的绝活儿，私底下，我们也会跟他们过过招儿，拼拼小酒、摆摆龙门、论论乾坤，一起侠肝义胆当侠客，飘渺自在做神仙。

跟各路英雄打交道久了，我也从他们身上悟出了道理，剑胆琴心的境界、盖世无双的功夫那是千锤百炼得来的，无论他天资多高。

江湖如此，事事又岂不如此。

手机尾号 6066

老武，说起结婚我才郁闷呢。好多哥们儿老不见了。离得太远，头天晚上我们喝到 4 点多，第二天结婚我都不知道怎么过的，看录像才知道。

手机尾号 9994

我一哥们儿刚离了，晚上他组织麻局，这不跟抢钱一样吗，唉……

手机尾号 8389

唉，一听您就没伺候过孕妇。孕妇须侧卧，不压腰，以后不知道不要乱说。再说侧卧也没法看你俩神聊啊。

手机尾号 5281

跟你们哥儿俩说啊，我今年奔 5 张了，还是女的，我每天听完你们的节目才上班呢，等于每天晚到半个点。对不起栽培我的领导了，值！

我眼中的“蒙男”邵帅

我一向感觉很准，没上《1039 交通服务热线》之前，我就听说过张捷达、邵青这对组合。张捷达特点鲜明，风趣、和善，我猜是中等偏瘦身材，很干练很老到的一位长者。邵青呢，老张的徒弟，听说来自内蒙古，又常年修车，所以应该是 30 多岁，皮肤黝黑，高大壮实。上了服务热线之后，得以见到二位的真容，果然，张捷达如我所想，但邵青却大大出乎我的意料，几乎就是满拧。身量不高、白白净净、慢条斯理儿、乌黑微卷的头发，开口说话之前先浅浅一笑，

关键是年纪很轻还不到30，这，哪里是修车高手，十足一个白面书生。然而仅仅一期节目下来，我就对他刮目相看。他有一手好手艺，还有一副好听力、好脑力，只要是跟奥迪沾边儿的问题，全不在话下。要知道，我们那种修车，那可是看不见摸不着完全凭感觉，没点儿真功夫你绝揽不了这瓷器活。

时间久了，聊得多了，慢慢地，我和邵青成了好朋友，我对他的感觉也又多了一层——钦佩，尽管他比我小不少。邵青的老家在内蒙古，上学时学的就是修车，学成后在家乡的一家修理厂做修理工。当时邵青文文弱弱却有股子狠劲儿，由于要修的车毕竟有限，他觉得施展不开，英雄无用武之地。两年之后，他毅然离家，只身来到千里之外的北京闯荡。尽管之前早有心理准备，可现实还是远远超出了他的预期，太难了！这里地儿大，车多，可是专业人员也多，修车点修车铺修车行修理公司多得数不过来。租房、吃饭、给家里寄钱，在旁人看来，邵青和所有出来打拼的人一样，过得清苦而艰难，但他自己却并不觉得，每换一个地方，他都任劳任怨，他说，只要有活儿干，能练技术，其他的他都不在乎。由于他为人忠厚技术又好，不久，他就被庆洋留了下来。这是一家管理正规，服务理念先进，在业界在车友中口碑甚佳的4S店。邵青一下子觉得自己的心不再漂泊，踏实了，也有了归属感。自此，他心无旁骛，一心一意地修车，同时用心像张捷达这样的专家学习，提升自己的业务技能。那年头，很多人还是捷达一族。忽然有一天，细心的邵青觉出了不对劲，他发现，很多来送修的捷达都是一个毛病，油表不准，唯一的解决办法就是换个新的油浮子。可是三年两载之后往往又以相同病症转了回来。这让邵青困惑不已，也让他像被施了魔法一般，茶不思饭不想整天满脑子都是油表、油浮子。车主买辆车不易，老修也不是个事儿，他的倔劲儿上来了，他想给这个病去去根儿。此后，他把自己关在库房里，100多辆待修捷达车的油表，一个一个地拆，反反复复地试，终于，他找到了出问题的关键，支撑油浮子的弹簧压力不够。已经疲惫不堪的邵青兴奋极了，觉也不睡，连夜开始投入新的工作，他要找到弹簧压力的最佳值，彻底解决问题。历时一个月，在进行了近千次试验之后，邵青成功攻克难关，啃下难题。随后，他将实验数据、改进方案整理汇编送到一汽大众总部，得到专家高度肯定和一致称赞，随后厂家下令，按邵青的方案改！

几年的锻造和历练，今天的邵青早已在庆洋挑起了技术总监的重担，同时在修车界已小有名气。条件好了，身份变了，但他的本色没变，依旧是低调谦和、不言不语，依旧是勤学苦干、孝敬双亲。而我，也早已改变了最初对他的认识，他哪里是什么白面书生，他其实是个很阳刚、很男人的人，更是个值得一交的人。

手机尾号 3060

主持人你们好，我一位孕妇，特别的爱听 1039 交通服务热线。我的爱人想请武军唱一首好汉歌。

手机尾号 9315

我就在上班看您俩呢，一边视频一边工作，文件在中间，您俩在屏幕把角上呢。

手机尾号 4726

报告，我天天都是上班的时候听，每天都看你们的视频，有空也会去万车网看看。我们外企工作很忙，每天把听节目作为最好的放松，谢谢你们。

手机尾号 0335

我肚子里的小宝宝还有 23 天就要出生了，我现在在家一边躺着一边听你们的节目呢，听到你们的声音，小宝宝总不停地踢我，特别欢。

兄弟

何为兄弟，每个男人都自有理解。就我而言，不是什么人都能做兄弟，我的标准很高。幸运的是，我的俩搭档为子、贺子，那，绝对是兄弟。

至真至诚的快乐王子

说起来和为子的交情也有 10 多年了，1998 年我们就在一块儿，不是做一个节目，是因为都单身。那会儿他喜欢打台球我就陪他打，我好搓麻将他也跟我一块搓，昏天黑地吃吃喝喝一人饱了全家不饿。但为子有一点我比不了，很多人也都比不过，就是孝顺，他天生的那种责任感、使命感特强的人。对工作不用说，纷繁复杂日复一日中始终保持最饱满的热情最认真的态度，对家庭，一样是倾心尽力，让熟悉他的人都很感动。他节目多工作量大，但无论多忙多累只要有空闲就会买了东西回家陪陪老爸老妈。过年过节只要节目排得开，也总会带爸妈旅旅游、散散心。他哥哥嫂子在国内的时候，他对他们特别好，跟嫂子处得像亲姐弟，嫂子遇到什么事也都愿意跟他说。

为了是性情中人，自信、率真、兴趣广泛、思维活跃，也因此接触过他的人都愿意跟他做朋友。而一旦成了他的朋友你会很舒服，因为你可以在他细致入微的关爱中感觉到温暖，你可以因他的善解人意而轻松自在。作为他多年的朋友，我对此感触尤其深。

武军与王为

为子粉丝多多，涵盖各个年龄段，遍布几乎所有阶层。远的不说，我老婆一家，上到70岁的岳母、下到11岁的外甥女，一家三代都喜欢他。有回外甥女跟我们几个一起吃饭心情大好，回家直喊撑得难受。可下一个周末还没到她就问“你们还吃不吃饭？还能不能带我去？我愿意跟王为叔叔在一块儿。”是的，这就是他的魅力所在，他有化腐朽为神奇的本事，他能让平淡的日子鲜活生动，他能让他周围的人跟着他一起神采飞扬。

现如今我们电台的节目都在网上直播了，不光音频还有视频，再加上公益活动、各种采访，使王为被更多人所熟悉。我们出去吃饭或者办事，常有人认出他来，有找签名的，有追着问这问那的，还有出租司机不收车费饭馆老板要免单的，每到这个时候，为子就会表现出超乎他年龄的成熟，特别耐心、特别谦和、特别妥当。有一次为子请客，我们边吃边听见邻桌议论纷纷——几个姑娘在赌旁边的这个是不是王为，最后居然还派一个代表过来问。我当时觉得她们不够礼貌，但为子却没介意，微笑着告诉人家他是。也是这次，临了结账，服务生说经理认出是王为，给我们这桌免了单，可结果是，为子执意结账，最后按普通顾客打了个九折。

这就是王为，这就是他坚持的“处世让一步为高，待人宽一分是福”的做人之道。

跟为子交往，听到最多的是笑声，不管他多苦多累多愁多难，但2008年的汶川地震，让我见到了他少有的沉默，我知道，他心里有一份沉甸甸的社会责任。那阵子，他慷慨解囊捐款捐物，积极参与各种赈灾活动，连夜赶

制公益广告，为抗震救灾奔走呼吁，团结大家的力量为灾区的兄弟姐妹们募捐。他用自己的实际行动为灾区奉献了自己的一份爱心，也让我看到了他大爱、承担与坚韧的一面。

手机尾号 9785

为子：老武，你怎么愁眉苦脸的？武：我在想捞你的问题。为子：你不愿意吗？武：不是，我在想如果你给我带坏了，咱俩都进去了，谁捞咱俩。

手机尾号 2660

老武，你没来之前，每到星期六王为都去相亲，你是否也能那什么？他猴急猴急的。

手机尾号 9785

武军一边主持修车节目，一边教育为子，不错。

手机尾号 9520

老武的声音能压得住王为，不知道能否好好调教他，太坏！我听你们节目快把牙咬碎了。

天字一号的爱车狂人

林贺爱车如命、走火入魔。擦车是常挂在嘴边儿的也是他最爱干的。据说他每天都擦，风雨无阻，一天不擦就觉得对车有亏欠，我都怀疑以后他有了女朋友女朋友都会吃醋。有回说到给贺子买东西，我老婆学着演员的腔调说：“我给他买 10 条大毛巾，最贵的，不擦脸，光擦车。”

贺子开车也和一般人不一样，至少我这么认为。坐他的车，

没点儿胆儿不行，他尽情享受征服速度的快感，你得一刻不停地揪着心。别人不知道，反正我坐他的车，无论多远都没睡过觉，敢不敢不说，那个猛、那个飘，你根本没法儿睡，当然他也为此付出了超速罚款的代价。

贺子的认真不光跟他共事的人知道，就是听众也都能感觉得出来。贺子不是北京长大的，更不是学机械的，可是他可以在节目里详详细细地给大伙儿指路，跟嘉宾有鼻子有眼地侃汽车的结构、性能，这是非下一番苦工而不能做到的。贺子有个很大的本子，那是上节目时必带的，里面密密麻麻的全是各种联系电话和服务信息。一次，一位听众说第二天要从亦庄去四海桥考试，问该怎么走，贺子仔仔细细地给说了两种走法，没一会儿就有短信上来说还有更快更好走的道儿，可节目时间到了，没法儿再说了，贺子就认真地把听众指的路和问路者的电话都抄到本子上。我说："不是已经说完了吗？"他说："回去对对地图，看看到底哪条路最经济实惠又好走，然后给人家短信回过去。"是啊，一米八儿高高大大的他，服务起来就是这么细。

贺子的肯吃苦是我最最佩服的。三九严寒，愣是带着一帮人冰天雪地的自驾游，而且无论路途多远都始终独霸方向盘。虽是一路险象环生，回来之后痴心不改下回还去。驾车出游吃苦受累对他已是一种享受，也是不少贪图安逸的他的同龄人可望不可及的境界。前不久他就刚刚从内蒙古自驾游回来，说当地人提醒他们夜间可能会有狼出没，可他还是坚持扎帐篷住草地，结果虽然劳累了一天，夜里还是始终机灵着没敢睡，给大伙儿值班。说这话时他一脸轻松一脸得意，我听着却后脊梁发冷，这种事搁我，打死都不干。

贺子的细心是一般男人比不了的，"比女人还女人"。无论上哪，哪怕就是去趟河北，也会仨亲俩好分别给些带土特产、小礼品回来，让你知道人没在身边心里却想着你。跟他出门，碰到任何事你都会觉出他的有所准备，吃的、喝的、穿的、玩的全然不用操心。

我眼中贺子最可爱的时候是吃饭，真的，如果你见过，相信也会觉得大开眼界的，那才真叫"身体倍儿棒吃嘛嘛香"呢。不光香，量还大呢。我们哥儿仨有时会到一家"日料"小馆儿聚聚，每回光三文鱼，贺子左一盘右一

盘没十几盘打不住，看着服务员小姑娘拖着木屐点头哈腰的一趟又一趟，我和为子都有些过意不去，就开玩笑地对小姑娘说："他叫林贺，快去把他列入咱们店的黑名单，快点儿，以后他来就说咱家盘点了。"

要说我们哥儿仨，除了上节目，最乐呵的就是打牌了，我喝茶，贺子抽烟，为子嘎吱嘎吱地嚼他的小零嘴儿，一周的辛苦、劳顿、压力，在周末的晚上，在虚则实之、实则虚之、虚虚实实的兵法招数中，在我们一阵阵的大笑声中，全都烟消云散了。

一日兄弟，一生情谊。

战争英雄温斯顿·丘吉尔说："我所能奉献的，惟有热血、辛劳、眼泪和汗水。来，让我们群策群力，并肩前行吧！"送给他俩，我们共勉。

手机尾号 8310

祝武叔早日康复，明儿个就把感冒传染给你旁边的那个。

手机尾号 8619

我正和怀孕 7 个月的老婆听你们节目呢，刚才特意把收音机放肚子上，让我儿子叫为叔叔贺叔叔，他还真踢了几下肚皮，你们是太有面子了！

手机尾号 3960

我老公开车不到迫不得已绝不按喇叭，我特佩服他这点。他说这样不好，尤其对行人，发个信息表扬他一下！

车事儿

异常艰难的学车之路

坦白说，依着我当初真是学不学两可，我没兴趣也没需求，但禁不住撺掇，1999 年初和朋友搭伴报了名开始学车。哎呀，起早贪黑奔郊区一去就一天，

我的第一辆车

每次去之前我都发怵，结果三天打鱼两天晒网战线拖得很长。很久后的一天，一块儿学车的朋友开车接我出去吃饭，回来我就发誓第二天一定去学而且要一气呵成坚持到底。说到做到，第二天我起了个大早儿赶到班车点儿去了驾校，结果人家不让学，非说没我这人，我气得到报名处去查，一个姑娘一个本儿一个本儿地查了足足半小时，然后说："对不起，您最后一次学是一年前，早作废了。"

说起来有些不可思议，我爸在我小的时候就开车，而且在单位里就管车，我因此对车不但不陌生而且经常接触。我的好几个小学同学都很羡慕我有个会开车的爸爸，还羡慕我能时不时蹭车坐，可不知为什么我对车压根儿没兴趣。

距第一次报名近3年后，我再次报名学车。老婆问："想好了吗？"我说："当然。"这回，我把自个儿架上去了，说什么也得硬着头皮扛住了直到最后拿下。说起来我的记性不算差，比如那些经典的战争战役，不论国内的国外的久远的现代的我都能说道说道，可是单单这个交规就是不往脑子里进。老婆是老司机了，周末我们开车出去，她见着标志讲标志、见着标线说标线，她讲了不少，气也生了不少，因为一路上我断断续续一直在打盹儿。她跟我急我也跟她急："谁让你叨叨叨说这些的，不说我还不困呢。"

第一回考交规，我自我感觉很好，可答完一看才70多分，人家的规矩是90及格。第二回下了大工夫，正好90。得，交规考完就成功了一大半，因为车我早就会开了。不过讨厌的是因为要记学时所以还得去还得练。有天夜里

下了一夜的大雪，早上 5 点多我和老婆就起来了，那天的事到现在我还记得很清楚，那天一路都很黑还特不好走，雪和着泥溅起老高，偏偏老婆车的雨刷器坏了，所以开上一段儿我就得下去擦风挡，否则就都被泥水糊住了。那天以后，连续 10 天天都干冷干冷的，可是我一天没落，天天去，练得也很刻苦。约了路考之后，除了白天在驾校练，我晚上 10 点以后还在家疯狂练。我住的那个院儿格局是这样的：南北两座南北向的楼，中间隔一椭圆形花坛，楼和花坛之间是过道。那时是 2001 年底，有车的人家儿已经很多很多，所以沿花坛外围和楼根儿底下全停满了车，我就在剩下的不宽的过道上转着圈来回开，那档子钻的、那小弯儿拐的，我觉得自个儿简直就是一老司机，路考，绝对手拿把攥。

运气不错，路考那天，8 个人一车我最后一个。快 12 点了，考官说："好好开，过两关就齐活，收摊吃饭。"我说："得嘞，谢谢您了。"于是，系安全带、着车、挂一档、看两边反光镜、打转向灯，轻抬离合慢给油，走，想了好多遍的程序全套完成之后，车稳稳当当起了步。开出大约 50 米时，我接到了第一个指令，考官让我走个单边，没一会儿考官又指着前方发出了第二道指令，考官话音未落我就快速反应道："明白！"然后换档加油，轧着前面横画着的两道白线照直向前方开了过去。隐约，我感觉到考官在侧头看我，心想一定是要胜利结束了，果然，过去之后考官就让我靠边停车。

8 个兄弟剩下我和另外一哥们儿我们俩，再约，再考。他我不知道，我是因为听到考官第二个指令后就规规矩矩加油向前开却根本没在意他说的是什么，下来才想起来，那两道白线是：铁道！

第二回考，我志在必得，但最后我们俩人中还是有一位没过，很糟糕，是我。

转年儿头春节，在历经两次交规一次桩考 3 次路考之后我终于拿到了由我公安机关核发的中华人民共和国驾驶证。捧着那个得来不易的小本本我这个感慨呀，寒来暑往，从最初报名学车到最后拿到驾照，前前后后一共是 3 年。

手机尾号 4178

为子，为什么你从来不播天气预报呢？每次都是老武。难道是你不会？这个话题能说吗？看来还是武哥有面儿。

手机尾号 9672

我刚在东四环过，看见你一个大小伙在绿色带给女朋友摘花呢，老武你说他们浪漫吗？

手机尾号 4726

为子你太小看我们女球迷了，我和男友都是球迷，但为了支持他看球，我天天都开车送他上下班，就怕他开车犯困不安全，你说我容易吗？

出自高人的停车之道（真是大师教出来的，虽然现在开的依然特水）

停车是开车的重要部分，拿本之前我不知道，拿本之后我体会深刻。

开车很简单，我开车出去，在一条车道里匀速行驶，不拐弯不到地儿永远不并线，谁爱催谁催谁爱抢谁抢谁爱超谁超，我不着急。

柳实（一代车王）

武军与柳实

停车就难了。为停车我剐掉过前保险杠，撞瘪过后备箱，折过反光镜，碎过前大灯……停车，曾经搞得我七荤八素晕头转向，即便是拿本8年后的今天，我的停车技术仍然不咋地。其实不光我，好像不少人都不怎么灵光，可以强调的一个客观事实是，现在的停车位太紧张，乱停乱放的车又多。关于停车的糗事这儿就不细说了，怎么着也是做跟车有关的节目的，得保全点面子，倒是有停车的高招儿想跟大伙儿分享，也算我在这儿给您服服务吧。

说高招儿的可不是我，是我给您请的高人。请允许我怀着极其崇拜的心情隆重地向您介绍一代车王、特技驾驶专家、大名鼎鼎的柳实。

柳教授是咱们国家第一代车手，1985年，经层层选拔、审查被推荐和武警部队的驾驶教官一起代表中国参加首届中国香港—北京拉力赛参赛。曾被派往英国、法国等国家培训。

柳教授教停车

1985年、1986年、1987年，柳实连续参加了3次港京拉力赛，1995年参加了盛大的“万事达杯巴黎—莫斯科—乌兰巴托—北京拉力赛”，获得了那届比赛惟一的“敢斗奖”。从1993年起，连续4年在全国汽车场地锦标赛上夺魁，成为车王。

好，说咱们的停车入位。柳教授有

两种方法，先说侧方位停车法。

柳教授说，侧方位停的第一步是停车，就是居侧方停车位置的车停好你的车。一般正常大小的停车位，要求驾驶员居侧方车大概在50~80公分的距离。两车之间的距离大小，决定了居侧方车横向远近的距离。如果说停车位前、后两车间的间距越小，那么你离侧方车的距离就要越近。还有，停车的时候一定要保证你的车居侧方的车有个倾斜角。这是为了当下一步我们把车尾向里停前，预先做出一个进入的准备状态。再有，就是停车的点和位置。你所驾驶车的A柱和侧方车的B柱形成了一条侧向的直线，这样就说明你已经停了一个非常恰当的位置，摆好了准备入位的姿势。接下来就可以轻轻松松地倒车了。

第二步就是倒车了。挂倒档，开始打方向倒车。柳教授提醒说，倒车应该在车辆边向后退时边有节奏地打死方向盘，而不是一开始就原地打死方向盘后再倒车。那么倒到什么时候开始回方向呢，他说同样是用自己所驾车的右侧A柱，与侧方车的C柱相比较做标记。当你坐在你驾驶室的位置，看到你的右前A柱与侧方车的C柱形成斜向的一条直线时，那么这时候你就开始回方向。如果前方停的不是车而是其他障碍物，则以障碍物的最末端为标准测量。当你车的A柱驶过障碍物最末端1.5米时便可将车停下准备倒车。而车辆倒至自身A柱和障碍物最末端重叠后便可开始回轮。

柳教授教的第二种方法是纵方位停车法。如果你遇到的是狭窄的纵方停车位或立体式停车场时，这个巧妙的“50公分半径停车法”最管用。

柳教授先以障碍物最底部分为标准，围着它画一个半径为50厘米的半圆，然后车围着这个半圆行进，就可以把车停进在非常窄小、看起来很困难的纵向停车位。他说，这里的的小窍门在于，只要以50公分的半径长度为运动范围，不进入这50公分内，那么车辆距停车位两边的障碍物都是一个安全距离，不会发生刮蹭。如果要保证停车的准确性，在技术不熟练的情况下，倒车时将车辆左后轮进入这个半圆50公分半径的位置，然后通过反复的上下，一样

能找准入库的位置。

怎么样，您看明白没有，如果您在停车上是个二把刀，有空不妨实际操练一下。

让我们牢记柳车王关于开车、停车的八字真言：“凭方法不要凭感觉。”

真的，现在我车开得已经今非昔比了，当然跟我老婆比还是有差距的，哈！

手机尾号 5259

王为，我知道如何在你的节目中区别林贺与武军了。一开口说话，鼻子里带出极短一串小呼噜声，即是武军！

手机尾号 8800

为哥，前些日子你没来，贺子跟老武没少说你坏话，他俩还要拿个小本策划怎么说你 。

7656：孩子明大考物理考语文，现在止疯狂的复习呢。

王为：孩子真是太苦了。

林贺：更苦的还是家长。

王为：都不容易，那天我居然在上班的路上看到一个孩子拖着一个底下带轮的箱子就走了，怎么回事，这么大就出走了。

林贺：她可能是为了减负，拖着书就不用背着了。

王为：原来咱们上学的书桌，正好书包能够塞进去，你说箱子怎么塞？

林贺：可能她是学习委员，帮助老师批作业。小时候没干这活吧？

王为：没干过，小时候罚站都是我替别人站的。

我，我的家

童趣

工作生活亲人朋友，好像有太多的人和事要应付，以至不在特别的日子根本无心也无暇去追溯时光。但只要思绪回到那个年代，就会心生感慨。那份欢愉、那种欣喜是成年后无论如何也找寻不到的。

亦真亦幻的七彩童年

6岁以前，我跟着爷爷奶奶住大杂院。“拔根儿”、“欻瓷片儿”、“搧方宝”、“抽嘎嘎儿”都是我常玩的，但大多是跟着起哄，我小，人家都是同学之间玩。不过有一样我自认为玩得不错——滑冰车。说是冰车，其实冰不是冰车不是车，一块破木板底下绑俩角铁是车，胡同口儿脏水冻上是冰，掌舵的是俩火筷子。虽说家伙式儿不济但玩着特带劲，就着下坡儿一趟一趟一下午不带累的。因为嫌冰面太小滑着不过瘾，我们几个守着家门口的孩子常趁天黑人少接了自来水泼上去。因为是纯手工和纯天然的，冰面质量很差，疙疙瘩瘩凹凸不平，所以便是我这种高手偶尔也会失手，弄得人仰马翻，鼻青脸肿。大概也就玩了两个冬天吧，一上小学我就回到父母身边再也没玩过，但那份情结一直在。20多年后跟老婆谈恋爱，有次她发烧躺着烦的慌，我说带你去个好玩的地儿吧，结果就拉她到北海玩冰车（也够不懂事的）。记得是一个大大的溜冰场隔出来一小块，玩冰车的人还不少，不过除了我俩都是小孩儿，疯玩儿一下午，我是尽兴了，老婆病得更严重了。

冬天有冬天的乐儿，夏天有夏天的美。

日坛公园以北吉市口奶奶家

五六岁时，最甜美的就是夏天了，包括秋天。院里有个葡萄架，记不清是谁家的了，反正阴凉儿大家乘，葡萄全院儿吃。葡萄架下常搁着两三个马扎儿，一个矮矮的小方桌。傍黑儿，仨俩老爷子守着一壶花茶，东一句西一句聊着他们的从前，一边把喝茶时咂摸嘴的音儿拉得老长，让人觉得那故事实在是年代久远，那茶实在是意味深长，或者下两盘象棋，边上有一帮人支招递烟，间或，老爷子们还会用大蒲扇“啪啪”地拍打着腿，赶走来凑热闹的蚊子。

通常下午一两点钟，上班的上班、上学的上学、午睡的午睡，这儿就是我的天下了。赶上阴天，葡萄架下蜻蜓特别多，上下翻飞低空盘旋，豆绿的“老杆儿”、紫红的“小辣椒”、姜色的“高粱籽儿”，好看极了。每个品种的颜色都不是单纯的，是精心调和之后的泛着光的金属色，那，绝对是造物主的杰作。我常常不错眼珠地盯着它们，恍惚间觉得自己也在飞。

午后的太阳特毒，但坐在葡萄架下却很惬意。葡萄藤上相扶相携的叶子用它们薄薄嫩嫩的身子遮住了刺眼的光，也挡住了烤人的暑气。有时候你正犯迷瞪，啪的一声，一个比手指头还粗的大菜虫子会掉到你脚下，吓得你机灵一下子醒了。现在想想那情那景，实在是相当写意和无比浪漫。

倘若我的记忆没有出错，应该是8月份开始就能吃第一茬葡萄了，挂着白霜，一串串，特紧凑，一摘几大盆。到9月，熟透了的玫瑰香紫得发黑，甜得齁嗓子。大了以后我不常吃葡萄，什么大提子红提子之类贵的进口的都算上，不太爱吃，觉得没了葡萄的精髓，味儿不正，小时候的葡萄那肯定无农药纯天然，好吃无比。

啊，人与自然多么完美、和谐的共生，弹指间，都成了遥远的从前，好怀念。

手机尾号 9432

我是一个 60 多岁的老太太，足球我还是要说几句：就冲主教练也得输，一点激情没有，坐那儿犯傻，尽想挣钱了。以后有时间多听广播，别再看足球。

手机尾号 9396

你俩真够损的，人家小两口出去玩，傍晚有雷阵雨瞧给你俩美的，真不厚道，最气人的还“耶”！

永远最美的我的乐园（日坛公园）

小时候我住日坛公园北门以北一里远的地方，现在我在日坛公园南门以南 500 米处。

就是这么有缘！

我的过往是和日坛公园分不开的。

儿时的记忆里，去日坛公园的大约有 4 类人：遛早儿的爷爷奶奶、谈恋爱的姑娘小伙儿、南北门间穿行匆匆赶路的上班族和我们这些来疯跑瞎闹的半大小子。遛早儿的虽说大都是老年人，但看上去个个身手不凡，有腿架在大石头上压的、有摇头晃脑拉胡琴儿唱戏的、有赤裸着上身儿耍棍舞刀的。而谈恋爱的，基本上是天擦黑儿以后才出现，哪里黑往哪里钻，一对占一长椅，不像现在没时没晌明晃晃的还那么夸张。

30 年前日坛公园不要门票，但它跟其他公园最大的不同还不是这个，是树，到处都是耀眼醉心的绿，夏天甭管多热里边都是凉快的，如果赶上雨后，那就更舒服了，空气湿湿的、树叶绿绿的、石凳凉凉的。从公园南门进去，迎面扑来静谧清新的气息，随后入眼的是大道两旁的两溜橱窗，里边贴着工

人开机床、农民秋收、解放军训练、还有中国和外国友好交往的图片。再往里就是现在大影壁的位置是空空的一大片空地，周边都是粗壮的大树。靠西边点儿是座土山，除了满山的树，山顶上还有个小亭子。那会儿我和同学玩打仗，在公园里南南北北追着跑。有时跑着跑着就跑到了山上，这时，大家就很有默契地停止了打仗开始恶作剧——一把一把地抓土从背后往谈恋爱的人身上撒，把人家惹急了之后拔腿就跑，再找新的目标继续搞破坏。有时候一个人来日坛的时候，我也会爬到山上，站在亭子上呆呆地望着南边，因为能一眼望见远处北京站的大钟，所以那个时候我一直认定那座土山是北京城最高的地方。

园子中心靠东边一点就是正儿八经的日坛了，一个用朱红大漆漆了四边儿的土台子，明清时帝王在那儿朝拜太阳神。再往北是很长的一段长廊，上面爬满了像绿萝一样的植物。到院子的最北头儿，是一个叫“祭器库”也叫

在日坛公园以北吉市口奶奶家

“七间殿”的地方，是古时候专放乐器的，它永远锁着，仿佛里面关着千年的秘密。

公园东头儿有个儿童乐园，相对现在来说实在简陋，但我很喜欢，常流连忘返，尤其那部滑梯，还让我有过一段难忘的记忆。那是我马上就要上小学前的那个夏天，雨后的周末，我爸带我去玩。滑滑梯的时候，我知道上面有水会很涩，可还是勇猛地冲了下去。紧接着就是屁股底下一阵发凉，伸手一摸大事不好，短裤开了裆，情急之下脱口就蹦出了俩字儿，结果被我爸听到，狠狠地数落了我一顿。那是我人生第一次爆粗口，也是我看到我爸最气的一次。我紧张坏了，怕我爸生气，更怕我妈知道了打我。唉，我妈呀，也不知哪来的那么大劲儿，每回都拧得我生疼。

日坛公园是我少年时唯一的娱乐场所，隔三差五我就会去一趟。有一阵因为准备三年级的期末考试我半个多月没去，等我再去时发现，公园竟然要门票了，五分钱一张。我心里有些不舒服，可进去一逛才发现，公园变了，西头儿新添了个大大的人工湖，南边一进门摆放了好多串儿红，再往里还起了个漂亮的大影壁。这之后没两年，公园的门票涨到一毛钱，原来的人工湖里养起了红红的大金鱼特别喜兴，与它遥遥相对，靠东边又挖了个湖。北边的长廊不见了，新置了美观大方的石桌石凳，边上还配了小卖部。再有就是，靠近土台子的地方拴了个大幕布，晚上放露天电影。

对于日坛公园的巨大变化，我想我的文字已无力表述。真的，以后的日子里，它越来越有样、越变越标致，虽说门票一涨再涨，可确实让人有常去常新的感觉。甬道全部铺了花砖，两边装了铁艺的长椅，土山修了石头台阶，亭子漆得古色古香，儿童乐园更是改头换面，滑梯、转椅、哈哈镜被升级换代成了碰碰车、激光射击、遥控舰艇。而要说变化最大的还得说日坛，也就是我打小跟着大人们叫的坛子。坛子完全修葺一新，白色石材砌成的方台子，3座白石棂星门，不光壮观了许多，还被赋予了很多新功能：音乐节、花展、汇演、啤酒节……，以坛子为舞台，展现我们五光十色丰富多彩的生活。

昔日的日坛公园与如今的已不能同日而语。现在，免费开放的公园里，

吃的、喝的、玩的、乐的一应俱全，休闲娱乐的人更是来自天南地北，包括客居北京的外国人，大家悠闲自在和谐共处其乐融融一派祥和。从开春儿到立秋，公园西头日坛会馆的露天餐桌前人总是坐得满满的，晚上东墙、北墙外鳞次栉比的写字楼亮着刺眼的灯光，南门也就是正门相对来说远离高楼，但有各色豪车一辆接一辆打门前的马路上“飕飕”驶过，一切都在告诉你，这里是繁华人都市，生活在这里舒适、安逸、有滋有味。

荏苒冬春谢，寒暑忽流易，30多年，我与日坛公园彼此见证，一同编织梦想，那么未来，这座承载了我童年、少年、青年时代无穷快乐和美好岁月的公园又将会是什么样呢?

手机尾号8976

我要有了一辆法拉利，直接找个小区趴活去，肯定挣钱。为子，我白天你晚上。

手机尾号2161

魏工长得真帅啊！像梁朝伟！支持！

手机尾号1165

那叫6月的天孩子的脸，啥叫6月孩子的脸啊？6月的孩子招你们啦！

军 迷

在我的阅读里，军事题材和人物传记占据绝大部分，谈论话题时，也多是战役、兵法、武器之类，偶尔聊聊历史、体育。

情有独钟的我的书屋

凡是关于战争的种种，我都感兴趣。“一战”、“二战”、“抗日战争”、“解放战争。”小时候听广播看小人书看电影，后来看书看杂志，现在还看军事题材的纪录片。没当过军人是我的遗憾，因为我自己觉得我很有些军人的风骨，比如我小时候玩玩具枪，比如我长大之后看电影电视报纸杂志只看军事，比如我平日走路腰板儿总是挺得很直，比如把我扔进繁琐复杂的人际关系中我就晕了，比如身边有个又哭又闹胡搅蛮缠的女人我就死定了。

英雄情结30几年不变，所以我的书也全部都是军事方面的，大致分4类：军事理论、人物传记、战争纪事、兵器知识。还有总共1000多本的《军事史林》和《世界军事》杂志。我家书房里有把躺椅，可以摇动，利用率极高，只要我在家，多半都在那儿。一来舒服、方便，二来门一关，外面炒菜、吸地全与我无关。惬意时，点燃一支烟，眯着眼看丝丝缭绕的轻雾，任思绪纵横古今，飘向喊声震天的战场。

说说我的第一本军事书吧——《难忘的战斗》。就是改编成同名影片的那个《难忘的战斗》。其实之前我也有好多书，不过都是小人书，这是我拥有的第一本纯文字的书。那时候我上小学二年级。当时看得很吃力，因为字认不全，所以也没怎么看懂，除了记得有解放军、有坏人和为粮食打仗以外，其他就不知道了。

我百看不厌的一本书是《淮海战役》，严格说那书不是我的，是我同学的，当年我到同学家玩看见这本书，就借走看，这一借就没再还，这一看就是22年。没错儿，这本书我常看，前年出差我还带着，去年年初《828军情瞭望》我播讲的战争故事也是这本书。

要说来之不易的一套书呢，就当属《中国人民解放军历史资料丛书》了。

有天老婆外出回来说："送你几本书看吧。"一看，是一套4集的《民国高级将领列传》。我问怎么有点旧，她说跟废品站的人要的。老婆喜欢卖废品，报纸、饮料瓶分门别类装好，开车拉着一个月一卖。那天卖废品，看见这些书就跟师傅商量要了回来。转天，她又拎回来一摞书说："再送你。"就是那全套7本的《中国人民解放军历史资料丛书》，我说："不会又是要的吧？"她说："美的你，"然后跟我讲了书的由来。

头天要书的时候，是连这套一块儿要的，可收废品的师傅死活不给，说她要得太多，而且这套书还很新。见软磨硬泡不奏效老婆心一横只能转身走

人。回到家，她找出自己不再穿但还不太旧的衣服包了大大的一包，第二天上班时带着走了。下班后直奔回收站，把衣服交给师傅说：“给您爱人吧，都还能穿，别嫌弃。”师傅感激不已，一个劲儿道谢，老婆说：“不谢不谢，我，还是想要那套书。”

也不怪师傅不愿给，硬皮儿的、厚厚的，一共 7 本，得占人家多少份量啊。

这两年看了《炮群》、《醉太平》、《楚河汉界》、《亮剑》、《明天战争》、《士兵突击》、《潜伏》等十几部军旅题材的书，而当下正读的书是《兵道》，现在《828 军情瞭望》中战争故事我播的是《兵王》，《兵道》是它的姊妹篇。拿到这部书时，我一下就想到了老子《道德经》里的开篇一句“道可道，非常道”。作家漠北狼继在《兵王》里成功塑造了鸿飞三剑客之后，又向我们全景展现了一代空降兵的铁血成长经历。之前只在网上有，刚刚出了书，作者，一位空降兵出身的朋友就拿着到电台来，让我们看看能否播出，随书还送给我们节目组一份空降兵吃的压缩口粮，让我感动不已。

逢良友谈若对月，有好书读似看花。这本书，让我这个夏天在没装空调的书房里经常一呆就是半宿，辗转捧读，不忍释卷。

现在，正读第三遍呢，哈哈哈，怕了吧。

手机尾号 7478

两兄弟，我乃设计院一设计人员，只要上班就离不开电脑，所以上班就可以一直看你哥俩的瓜子脸啊！开车回家也是 1039，哈哈，一定要读我的！

手机尾号 9907

好几年没听到你们声音了！终于又回北京了。为子啊，潮东的声音有点不像了，是老了的原因吗？

军事节目的社会价值（节目感受）

我喜欢军事，对军事节目也有我自己的想法。

说到军事，它和广播可是有着很深的历史渊源，在我们国家的各个不同历史时期，广播始终发挥着极其重要的作用。1940年延安新华广播电台诞生，它把我们党的声音传到了硝烟弥漫的战场、传到了环境险恶的敌后。从此，我们党在对敌斗争中，又拥有了一件强有力的武器。那时的广播除少量自编自演的节目外，更多时候是作为一种特殊工具，向广大人民群众介绍我党的方针政策，介绍我军所取得的赫赫战果，瓦解敌人的士气。那会儿中央领导的文章就是广播评论，战场情况就是新闻，文艺节目就是战斗的诗歌，编辑、记者、播音员就是解放军战士。在特殊的历史时期，广播发挥了相当重要的作用。1951年，中央人民广播电台开办了新中国成立后最早的广播军事节目。1958年，为了形势的需要专门成立了海峡之声广播电台。可以说，在我们党夺取政权、巩固政权的过程中，广播一直为军事斗争提供着强有力的舆论保证。

上世纪70年代末，我国进入发展经济的新时期，人们对于提高物质生活水平、对于高品质文化生活的追求非常强烈。考大学、经商、当明星、出国留学都是热门之选。太平盛世，安安稳稳守着自己的家是最普遍的心态，而国防意识却开始在不少人的观念里渐渐淡漠。殊不知，一个兴盛民族的背后必定要有一支强大的军队。而这种强大，不是每年国家投入多少钱就能解决的，关键在于提高公民的国防意识和在分享太平的同时强化忧患意识，并使之融化在血液中、渗透到骨子里。

说到忧患，1990年的海湾战争，就让不少人惊呼，原来这个世界并不那么太平，战争离我们并不那么遥远。于是大家开始关注我们的军队建设情况，有多少导弹？有多少先进的飞机、坦克、舰艇？我们的军队如何应对现代化的战争？甚至有些人还产生了隐隐的忧虑，认为我们差得太多，追不上、超不过外国的军队。而广播完全可以利用独特优势，利用大量的历史事件资源，告诉人们有国无防的惨痛教训，告诉人们，歼—10、飞豹、卫星定位系统等等都是我们国家在科技强军过程中取得的成就，让我们的人民对我们的军队有绝对的信心。

说到办军事节目，钓鱼岛争端、南海周边紧张事态、中国航母何时成军……每一桩每一件都关乎国情牵动人心。因而，打造全新理念的广播军事

节目，发挥伴随式收听的平台优势，利用北京电台广播、网络、视频、杂志等多种渠道，传播我国军事战略文化，弘扬爱国主义精神，强化国防教育，作为大众传媒的广播，它所发挥的社会功能和对大众的吸引无疑是显而易见的。广播除了传播快、覆盖广、伴随式等独特的、无法替代的优势之外，北京的地域特征也决定了它将会有极强的生命力和极好的宣传效果。一方面，北京是全国的政治中心，军事指挥中心，拥有各种各样的军事专家、优秀人才，另一方面，北京车多、移动受众多、白领多、上网的人群多，这些都是办好军事广播节目必要的和良好的基础。第二次海湾战争期间，北京新闻广播就进行过尝试，全天候对战争情况进行现场直播，请各种专业人士对战争的进程、产生的国际影响及使用的武器装备进行预测、分析、点评。同时，利用短信平台让听众参与进来，发表自己的看法和意见，收听效果极好。还有，2008年5·12汶川地震之后，人民解放军开始了抗震救灾行动，全国各个媒体给予了极高的关注。北京新闻广播《828军情瞭望》节目精心策划准备。前方，借助中央人民广播电台、解放军报、海峡之声广播电台的记者队伍，和他们进行连线直播，通过这些一线记者的亲身经历讲述人民军队的救援行动，极具感染力。后方，则在第一时间联系到了武警总院（也是国际救援队）的专家，讲解自然灾害中的紧急救护知识和先进的救援工具。节目播出后，听众反映良好。交通广播在2008年和解放军报联手派出记者主持人队伍，走进西沙军营进行采访，既带去了首都人民的问候又让听众了解了守岛官兵的艰辛，还让很多听众知晓了一个全新的概念——“海洋国土”。

2007年，中央人民广播电台曾播出过一则采制宣传兰州军区空军一级飞行员李剑英事迹的录音报道《生死抉择16秒》，很短，但飞机撞鸟、严重损毁、发动机停车后飞行员与指挥塔台的最后3次对话等现场声音的运用却极具冲击力：

音响：“我撞鸟了，我要跳伞。”

音响：“看迫降行的话，我把起落架收起来。”

音响：“我把起落架收起来，迫降！”

几秒钟以后，传来远处飞机连续爆炸声，在这个声音衬托下，记者讲述：一道高出机场水平面3.5米的引水渠斩断了李剑英迫降的道路，飞机爆炸解体，李剑英壮烈牺牲。飞机从撞鸟到解体爆炸，只有短短16秒，李剑英用对祖国对人民的赤胆忠心飞完了生命最后的航程。

这篇录音报道将广播的特质和优势发挥到了极致，没有豪言壮语、没有大段的描述，却很好地诠释了什么是军民一体、什么是人民子弟兵。同时，也更加坚定了我充分发挥、利用音响的魅力和广播的优势，创作出更加具有吸引力、说服力、震撼力和感染力的广播军事节目的决心和信心。

世界风云变幻莫测，民族复兴任重道远，我虽人微言轻，但愿逞匹夫之勇，为传播军事文化、普及国防常识尽我一个广播人的绵薄之力，尽我作为公民的一份责任。

手机尾号1635

告诉开霸道那个大姐，你一按RNB的键，陶哲就开始唱歌了。

手机尾号2132

我一边开车边听你们节目，听到逗人之处我便哈哈大笑。民警看我很奇怪，叫我下车问：你没事吧，有病吗？

手机尾号4929

朋友聚会认识一个女孩，是我喜欢的那类型女孩，可是我比她大9岁。你们说我追啊、追啊、还是追啊！

关于足球的一孔之见

NBA明星姚明、科比、奥尼尔，英超天才德罗巴、吉格斯、杰拉德，意甲英雄因扎吉、小马尔蒂尼、巴蒂，台球“皇帝”亨德利、“火箭”奥沙利文、“金左手”威廉姆斯，统统都是我喜欢的，足球则是最早开始喜欢的。

很幸运，1981年我家刚刚买了松下12吋黑白电视就赶上西班牙第12届世界杯预选赛转播，我着着实实看了个够。但不幸的是，那一次我们让人家

给算计了，本来形势看起来还好，却一步步被逼到了坐以待毙的地步，最终没有出线。我那个时候对放水啦黑哨啦还不太懂，但0∶5这个比分却是牢牢记住了。后来我知道，那是中国足球的一次悲情之旅，也成了中国足球全体将士心头永远的痛。不过也许就是足球这种大喜大悲的强刺激让人上瘾让人着迷吧，我，包括当时成千上万的少年、青年从此开始迷恋足球。

做了《1039服务热线》后，有时候赶上有什么大伙儿都关注的赛事，也会在节目里跟听众互动互动，特别是国足的比赛，我、为子还有听众，我们常常打赌，赌输赢、赌比分，但回回我都被拍砖，因为我从不赌他们赢。我承认，我算不上球迷，缺乏球迷应有的心理素质，同时，我对那些为中国足球不遗余力摇旗呐喊流血流汗的铁杆儿们无比钦佩。说到中国足球，有人盲目、有人麻木、有人尖锐、还有个别刻薄的。我想我是那种比较客观和冷静的吧，有时候说得过点儿，那也是爱之深责恨之切。不是么？看球看了20多年近30年，我这一头青丝里已然有了白发，但我们的足球却依旧没有长劲，常常让人看不懂不说，冷不丁还为我们上演悬疑又迷惑的节目。

好几年，我躲着国足，故意不听不看，转而专攻英超、意甲。那些球员们的激情四溢黯然神伤让我体味到了足球的真正魅力，他们一剑封喉过关斩将的精湛技艺让我感受到了什么是纯粹的足球，而那些球星们一旦上场那股子除了足球这个世界上没人能征服他们的劲头儿，真是带劲儿！不过在写这段文字的时候，我多少有些伤感，欧洲各大联赛相继落幕，而我所喜爱的多位明星也纷纷惜别赛场：红一军团的队长马尔蒂尼、曾经的欧洲足球先生内德维德、葡萄牙黄金一代的领袖级人物刘易斯·菲戈。

说回到国足，在我这个年龄和比我年长的的男人眼里，国足就像自己的孩子，看着他长大，盼着他成熟，说归说，疼还是疼。2001年，我和全国球迷一起，见证了中国足球的历史性时刻，几十年，总算是沾了世界杯的边儿，圆了世界杯的梦。球还没完我和几个哥们儿就说好去天安门广场，结果发现同样心情同样想法同样疯狂的人真多，广场上人山人海一片沸腾，有人使劲鸣汽车喇叭，有人一遍遍打着胜利的手势，有人声嘶力竭地喊着我们爱你，有人一边流泪一边唱咱们的国歌。

今年，09赛季的中超，我坐在电视机前，场场没落，有一次我差点冲动得去了现场。我们的足球进步了，我的心态也调整了，以后再在节目里跟大伙儿聊球儿，应该不会再挨骂了。

让我们一起祈福：中国，加油！国足，好运！

手机尾号0019

哥几个都近一个月没听你们节目了，想啊！因为刚荣升当妈！真是养儿方知父母恩。养孩子太累了，已经心力交瘁，也借哥几个祝我妈节日快乐，她辛苦啦！

手机尾号2271

怀孕7个月，我老公说了生女儿是“招商银行”，生男孩是“建设银行”。

手机尾号1835

说个题外话成不？跟我亲爱的老公说一声，他爱听你们的节目，老公是名特警，在外执行任务，告诉他他当爹了，是儿子7斤6呢，呵呵。

绿 洲

人近中年，觉得每天等她回家，一起吃饭一块儿散步，实在是件美好的、令人期待的事。有时候出差在外，最想的就是，快点儿回家享受我那点儿简单的小幸福。

乐在围城的有梦女人

没相爱之前我们应该算是认识，4年中许多次在台门口或电梯里碰见，但从未对过话，哪怕只是一个招呼。我见过的她几乎永远戴着墨镜一副凡人不理的架势，后来我知道，她总戴墨镜是不喜欢跟人打招呼。第一次正式接

触是在录音室，我们同时在等同一个录音师录节目。等着的时候我们有了简单的交流，我发现她不像之前我想的那样冷傲、孤僻，还是挺温和挺得体的。其后的几天我有事没事会去那间录音室转转，满脑子就一件事，希望能再遇见她，看能不能再聊聊天甚至发展发展。要知道在此之前，我对女人没幻想、对婚姻没期待，更不敢舍身入城。再次见到她是在电梯里，她依旧戴着墨镜，而我却有点乱方寸，好像磕磕巴巴说了句什么废话。怎么搞的，这不是我风格啊。磨叽来磨叽去，几天之后我决定爱谁谁，舍下脸试试，大不了以后碰面儿我也戴墨镜。说归说，实施起来还真有难度，感谢为子呀，是他的大力相助才使我们有了开始，才使我有机会花心思、下工夫直到8个月后大功告成，我，也倦鸟归林。

这是一个温和、善良、灵性、有品味、懂生活又不乏热情的女人，你几乎可以在任何一个领域跟她碰撞出火花。有人说她简单有人说她复杂，确实，有时候你会觉得她对某一件事不理解到近乎傻，有时候你又不得不惊讶于她缜密的思维逻辑。比如我们家几次买房卖房，我想想都头疼，可她分析形势预测市场以及在其后操作过程中对一系列极其复杂问题的有条不紊的解决简直让你佩服。有人说她文静有人说她开朗，真的，她有点坛坛罐罐，她可以一整天把玩它们一声不吭，也能一口气儿十几分钟喋喋不休让你插不上嘴。

无论婚前婚后，我都无比讨厌买东西，哪怕是一双袜子，我对商场有种天生来的恐惧。可是这些年来我每天都干干净净整整齐齐有时还会让人眼前一亮，这全得益于老婆。什么温度、什么场合该穿什么衣服，只要她在，我不用过脑子。烫好搭配好的衣服，每天早上会挂在衣架上。有时我嫌她太麻烦她就教训我，说我穿的得不得体别人第一反应就是她勤不勤快。虚荣啊虚荣，随她去吧，非原则问题。

“要管好丈夫，得先管好丈夫的胃。”不知是谁最先发明了这招儿，硬道理，好方法，起码在我们家好使。老婆做得一手好饭菜，过去无论多晚我都等她回来，后来看她实在辛苦，才改吃食堂。她常常做烤麸，因为我爱吃，现在我从不在外面点这道菜，因为她做的超好吃，外面的太甜，油也大。我爱吃面条，而她会做很多种。多年前，一天吃面的时候我说："真巧啊，我爱吃的都是你会做的。"老婆微笑地看着我："亲爱的武老师,怎么可能巧成这样呢？"啊！半天，我无语，然后觉得自个儿特笨。是啊，在我们共同生活了这么多年之后我才猛然感觉到，其实过去她为我所做的看似不经意的一切都是十分精心的和非常刻意的。

休息的日子，她常常一个人去看看展览听听音乐会逛逛博物馆，但进了家门还是得挽起袖子给我做饭。偶尔我也会在厨房陪她，还肉麻地说你真好，这个时候看得出我家领导龙颜大悦,不过嘴里还是谦虚地说女人都这样。是啊，女人很伟大，她们一旦为人妻为人母，便立刻会化浪漫为实际，心甘情愿地为你打理一切，关于你的一切。

事实证明，我好眼力。娶到她是我人生所做的出色的事情之一，也是迄今为止我人生的成就之一。单身的那些年我有个外号叫小黑，因为总是黑着脸不笑，而婚后的每一天我都很愉快，而这，不正是我们所追求的么。

手机尾号 5138

三环主路丽泽桥中间隔离带，刘翔的妹妹正准备横穿主路！

手机尾号 7765

我听你们节目好几年了，很喜欢你们主持人。我刚学会发信息，因为买了手写话机。我是一个 70 多岁的老太婆，请你们一定要读啊！

手机尾号 8086

我受不了啦，京石出京方向那叫一个堵，一眼看不到边啊！为哥，哪有卖飞机的啊？我要起飞 。

聪明男人的糊涂哲学（个人见解，呵呵）

我其实挺不擅长说这个的，因为没觉得怎么特别费心经营，可是实事求是说我们确实过得不错，所以也许还有点儿可总结的东西。

举案齐眉相敬如宾红袖添香那是典范中的典范，我没到那境界。偶尔听

说谁谁俩人结婚多少年从没红过脸，我就不信，起码是不理解，那还是过日子么，别是冷战吧，生活，总会磕磕绊绊。不过话得两头儿说，您也别一点儿不当回事。《中庸》说：“君子之道，造端乎夫妇。”一切大道理，要从夫妇之间开始，可见夫妻关系之重要。

跟男同胞说说我的想法。

首先，一定要明白恋爱和婚姻的不同。恋爱是形而上的、唯精神的，你可以伪装，可以掖着藏着，怎么美化怎么来。像我，恋爱时花大价钱买歌剧票陪着看，耐着性子跟着看画展，结了婚打死我都不再去，气得老婆好几年都拿这说事儿。结了婚，那可就一定得透明、坦白、负责任了，零距离接触，缺点毛病暴露无遗。恋爱时浪漫、虚幻不食人间烟火，结了婚一切就都很实际。有人说婚姻是爱情的坟墓，谈婚色变，我不这么看，我跟老婆恋爱俩月就提结婚（和现在的闪婚族比我还是土），吓得她连声质问我什么居心。没什么，就是想安心、想放心、想踏实。我觉得夫妻感情相比恋人爱情要更牢固、更稳定。因为它是爱情加上亲情，混凝土坚固结实就是这个原理。

其次是交流，这个很重要。交流能使夫妻间相互更信任、更欣赏、更理解。没问题时可以轻轻松松甜甜蜜蜜地聊聊天，哪怕只是八卦八卦。出现矛盾了当面锣对面鼓摆摆清楚说说明白。比方过去，面子是我老婆的最爱，爱得很过，爱到让人不能理解。结婚之初我们没少怄气，后来我决定给她扳扳。我多次跟她沟通、交流，说我的想法我的看法我怎么怎么不舒服她多么多么没必要，后来她就自己调整了。对此我表示满意，有天我说：“同志，有问题不怕，改了就好嘛。”她趴我耳边小声说：“领导，我没想改，是怕你跟我吵架让邻居听见了没面子。”嘿，存心气我，不过甭管怎么说，反正是好了很多。

再有就是宽容，要我说就是糊涂。当然可不是真糊涂，是揣着明白装糊涂的糊涂。是退让是妥协，是争不出高下时最有效的创造和谐的办法。尤其是婚姻进入七、八年十几年的时候，没了激情，没了活色生香，剩下柴米油盐老家儿孩子，平淡不说，琐碎事一大堆，难免大眼瞪小眼甚至相看两生厌。这个时候最需要的就是装糊涂。我一法院的哥们儿说，他们两口子打架时他的做法是敌进我退，敌疲我打，敌退我追。这个战术我严重地不能苟同，非上策也。大老爷们儿，追什么追，就退，一直退，跟老婆服软又不寒碜，跟老婆较劲那就等于跟咱自个儿过不去，跟咱的好日子过不去。著名漫画家丁聪老先生当年写给太太这样几句话，："太太没有错，都是我的错。太太从来没有错。如果太太真的有错，那也是我的错，是我没有发现太太的错。如果没有我的错，也就没有太太的错。所以太太永远没有错。"瞧瞧，到底是大师，多聪明、多智慧、多糊涂、多能装啊，哈哈哈哈。好好学吧，咱们。

写了这些，如果你还会幽默，那就锦上添花了。我和老婆都深谙此道，所以家里常有笑声。

好了，啰嗦了这么多，可不敢说经验，拉家常吧。总之，茫茫人海，由陌生到成为一家人，相依相伴生儿育女，这是前世的缘定三生啊，啥也别说了，珍惜吧！

手机尾号 4612

我不答了，太狠了，你们知道吗，哈，人最痛苦的事，是人死了，智慧没用了。

手机尾号 7778

问个捣乱的问题，咱们节目能修兰博基尼吗？如果不能我就接着开我的夏利了。

5856： 为子，各位专家，这个周六我就要上红地毯了，能给个祝福不？挺喜欢咱们的节目。

林贺： 为子有经验，说说。

王为： 我没走过！

林贺： 你应该参加过婚礼吧？

王为： 给人主持是吧，是个挺高兴的事，哭的时候希望哭得开心，无论是男方还是女方只要结婚都哭，不知道为什么？

《1039交通服务热线》的小设想

《1039 交通服务热线》，我打心眼儿里喜欢，跟俩搭档合得来倒在其次，主要是这个节目本身，我特得意那种轻松、亲切、自然、和谐的形式，那种听众如兄弟姐妹、嘉宾像哥们儿弟兄的氛围。如果让我总结这个节目取胜的关键，互动我给记上头功。您想，每天光发短信的和视频聊天参与的就一两千号人，让我们老觉得时间不够使，服务不尽兴。

知足常乐，过日子行做节目就不适用了，绝大多数人时间久了都会对千篇一律的节目心生厌烦，即便是在全国很有影响的节目也不例外。所以如何在节目上创新突破，为听众提供最实用的和富有创造性的意见建议，通过节目改变生活理念，提升生活品质进而激发大伙儿的生活热情是当下我对自己，我认为也是对节目最迫切的要求。

今时今日，开车已是人们生活的一项重要内容，一天中很多时间在车里、在路上。人们需要了解掌握与汽车相关的常识，而快节奏的生活又往往让人无暇顾及，那么好，您不必花费专门的时间和精力去探究、学习，我们《1039 交通服务热线》就是您用车、养车、爱车不可或缺的一个渠道。未来，这个节目将在细分受众群、增加知识性和专家深度参与上下大工夫。想想，关键还是体现在那俩字儿上：互动。

关于细分受众群。和其他任何栏目一样，我从不敢忽视听众的心理，当然也不会置收听率于不顾，但为大家服务得尽可能彻底、尽可能到位始终还是第一位的，所以我想应该从现在略显泛泛的目的性不太强的服务变为更有指向性、更有针对性的服务，举个例子，出租车司机这个群体辛勤而节俭，车型又比较集中，那么就定期为出租司机师傅们请专人、办专场，不掺合什么宝马大奔，特有的放矢，因为有视频，还可以考虑到修理厂、车跟前儿直播，让您听个明白看个清楚。以往节目内外，出租司机师傅对我们很实在，本来就辛苦，还自己掏钱给大伙报路况、指道儿，让我们过意不去，所以今后在服务上尽量想得周全、做得细致，也算是我们对师傅们的回报吧。

增加知识性。今天已然是一个非常数字化的时代，很多听众较之他们五六十岁的父母一代，受过更多和更良好的教育，有更远大、更开阔的视角。比如现在的听众中，大学生、研究生甚至“海归”不在少数，他们的很多需求并不在真正意义的修车上。所以节目从类型、内容到风格就要不断调整以适应新要求、新变化。过去节目内容大部分就是修车，下一步就会在买车、卖车、开车、养车上请有真知灼见的专家为听众提供时尚前卫的理念和非常专业的指导。说白了，也是想让对汽车知识、汽车文化的需求成为驱动大家接受我们节目的一个重要理由。

关于专家深度参与。单从节目的角度说，服务热线的时间不算短，但真修起车来哪有个完，平时基本就是挂一漏万，即便还有我们的专家在线下忙活，也无法完全满足听众的需求。专安排一个频率差不多，又不可能，所以就琢磨，请我们的专家在某个4S店、在某个汽修公司、到某家出租公司或者借谁家的一块宝地，给大伙传授跟车有关的各种知识，给您的车现场把脉，一对一地修，正好儿，也解了平日看不见摸不着的苦，大伙儿聚一块儿，其乐融融，多好。

总之，创新不少，改变很大，值得期待，不多说，是想到时候给大家一个惊喜，让您眼前一亮。相信，有我们心往一处想劲往一处使想干事儿想干好事儿的那股子劲，有听众朋友的抬爱和捧场，《1039交通服务热线》一定会走得更远。

手机尾号8066

为什么爱听“武林王”？拥趸的人估计得有几万？我觉得主持人里能贫的人多了，这3位最出彩的是：讲理，不矫情，祝你们牛年行大运！

林贺

在路上，我用心去聆听自然的声音，无论是海浪击打岩石的涛声，还是发动机在高速上行使的轰鸣。

在直播间里，我用心去感受每一条信息背后的面容，是大家的鼓励使我从青涩走向成熟。

为您服务，我将全速前进！

我的经历

童年——我和汽车有个约会

在黑龙江嫩江附近的山里重温了驾校的相关科目

我喜欢汽车好像是与生俱来的，还是很小的时候，也就是两三岁大，每天坐在爸爸自行车大梁的小椅子上去幼儿园，我就问这是什么车，那是什么车，不知不觉，那时的汽车我就都认识了。幸亏那时的汽车品牌少，也就是什么解放车、嘎斯车、北京130、跃进、东风、北京吉普、天津吉普、上海轿车、红旗轿车，对了，大的还有黄河、太托拉。那时我坐在自行车上，也要做出开汽车的样子，双手摆出紧握方向盘的架势，嘴里嘀嘀地叫，比真开汽车的都忙。当时，爸爸可以算得上是一个汽车专家，以他的知识为我启蒙还是绰绰有余的。于是我知道了很多关于汽车的信息，就疯狂地在别人面前表现出来，别人的夸奖又鼓励了我要知道更多的东西。时间长了，在上幼儿园时，我练就了当时一般

孩子不具备的特长，只要听见汽车发动机的声音，便知道是什么车型，晚上看见远处汽车灯光，就知道是什么车在行驶。有一次，爸爸还问我是怎么从灯光中辨别出汽车种类的。虽然我说不出更多道理来，但准确率还是蛮高的。因为这个，在幼儿园、家属大院里我就小有名气了。那时的大人特别愿意逗孩子，有时叔叔们来考我，孰不知，他们越考我，我知道的就越多，记得就越准确。直到现在，爸爸还经常玩笑地说，你小时候要把喜欢汽车的劲头用在文学艺术上该有多好，现在你就是个诗人了。幸亏我没当诗人。要不减肥药肯定卖不动了。

由于喜欢汽车，儿时我的玩具主要也就是汽车了，大大小小的十几辆，小的放在床头上，电动的精心收藏。印象最深的是一辆红色的电动敞蓬汽车，车上坐着两个外国小孩，车子向前开时遇到障碍会自动倒车，然后再前进。还有一辆是一位亲戚从国外专门给我带回来的遥控玩具汽车，那年月可是如获至宝了。后来，上学了，我就开始收集汽车杂志、汽车画报，压岁钱大多都做此开销了。考试要是考的还不错，大人们给的奖励就是让我自己挑选一本汽车杂志，不管价钱多少，但只能买一本，那时一本要花 10 多元钱呢。

小时候我喜欢汽车，还有不少让人哭笑不得的记忆。只要是开车的叔叔，我就主动接近人家，一口一个叔叔的叫，给人倒水捶背的，目的就是要坐人家的车，有时大人工作忙，我就说哪怕你带我围着院里的大树转一圈。这样的事还真没少做，现在想想，应该是天真得有点傻了。

那时所谓的好车都在单位里，机关来的新车我几乎都坐过。前几年，一位退休多年的伯伯还风趣地对我说，你还记得不，小时候你坐我的专车不说，还非要坐在前排的位置。记住了，现在我去北京，我也要坐在你的汽车前排座上，这样才公平嘛。

现在回想，我已经不记得这样的事

有时放松也是一种态度，就算吃的是一颗瓜子

了，可我确信，这些事肯定是有的。爸爸说这位伯伯当年是军区的首长，伯伯很喜欢你，因为坐汽车的事，当年还是闹出好多让大人们尴尬的事。听大人们说，那时的领导都喜欢坐在汽车的前排座上。

随着汽车事业的发展，我和汽车的故事也在与时俱进。长大了，心里老想着什么时候自己真的能开上车。上小学时，有一次几家人去郊游，到目的地后，大家都去玩了，我就是赖在车里不走，那是一辆电动车窗的新桑塔纳，在当时来说算是高档的轿车了，至少局级干部才能坐的。我坐在车里开始练习挂档，结果等大人们发动汽车后，就是挂不上档，用现在的话说，那是变速箱乱档了。大人们真生气了，好在老爸辛苦一阵之后排除了故障。

我真的开上汽车时，已经说不准是什么时间了。上中学时就开始跟着叔叔伯伯们学开车，记得当时有一位姓祁的叔叔，是个出租车司机，他非常喜欢我讲笑话，经常教我开车。我们有一个君子协定，开车的事，跟谁都不能讲，现在过去那么多年了，讲出来应该大叔不会生我气的。

就这样，在偷偷摸摸、不知不觉中我学会了开车，当然是在无照驾驶的情况下。由于我是先学了汽车知识，现在的驾校叫踩抬轰踩挂，那时我哪里知道这些，记下就好了，很快各种汽车就都驾轻就熟了。最有意思的是，在上大学实习期间，夜间采访的路上，我在司机师傅们的指导下，驾驶技术有了明显提升。当然现在想想，那么做是绝对不行的。

真正开上属于自己的汽车，是2001年的夏天，那年我大学毕业，可对于一个刚刚开始工作的青年来说，买辆汽车绝非易事。望好车兴叹的我，最终选择了捷达。到最后出手的时候4年行驶14万公里，没出过北京，没扎过轮胎，没加过93号汽油，也许对车的爱就是从那时开始的吧。

手机尾号0855

老武，贺，咱鄙视为子哈，过节时候把你们甩了，不仗义，太不仗义了！

手机尾号6087

为子贺子，有一个月没听你们俩忽悠了，我就是想跟你们俩报一下到证明我还是存在的……

少年——大海的涛声依旧

关于大海给我留下的记忆、给我的感悟，我自己感到很难说清楚，一句话“大爱无声。”我觉得，大海就像你的师长，就是你离开了她，她的教诲、关爱、影响，你随时都能体会的到。

我的少年时代是在美丽的海滨城市度过的。那里风光秀美，四季分明，依山傍海，是宜居旅游避暑胜地，海岛、古刹名寺等风景名胜让人流连忘返。那时我的足迹几乎踏遍了每一个山头。长达1000公里的海岸线上分布着三大渔场，以海参、鲍鱼、对虾为代表的各种鱼类、贝类、藻类十分丰富。苹果、葡萄、无花果、花生，不但产量大，而且口味独特。也许人人都有爱恋故乡的情结，毫无成见地说，故乡的海鲜和水果确实有与众不同的极佳口味，就算现在想想，自己的味蕾也是有感觉的。想起了和伙伴们到农民大爷的果园里吃苹果，当然是不打招呼的。

那时我的家在市中心，从家10分钟可登上山头，一览山海之胜，10分钟可到海边，乘凉垂钓休闲健身，我上学的学校，也都是步行15分钟左右的路程。也许，这正是中小城市的优势。直到现在我还认为，童年生活在这样的环境中会让人天真多于城府，而天真会让我们自己生活得更轻松些、更浪漫点。

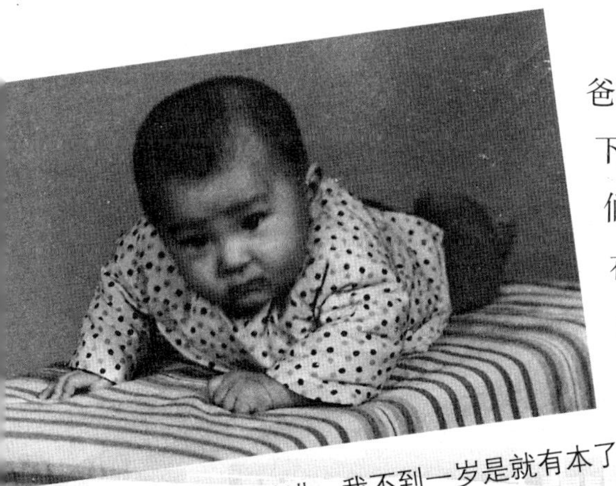

这就是传说中的匍匐前进，我不到一岁是就有本了

大海给我最深刻的记忆是慷慨。爸爸经常带我去赶海，掀开水中的石头，下面就有鲜活的螃蟹、海参，那时我们还不太会吃海参呢。海鱼咬钩特实在，拖得渔竿呼呼响，抖竿拉鱼的感觉是你永远无法忘怀的记忆。用小耙子从砂石中挖出蛤来，用海水养活

半天，让它把沙子全吐出来，就可以美餐了。提醒您一定要放一点干辣椒，味道您自己再品，与众不同啊。傍晚时分，满载而归的渔船，嘟嘟地吼着回到海港，人们争相挑选着自己喜爱的美味。

也许是因为喜爱大海，我经常背着家人和小朋友们去海边玩。那时还不懂什么叫紫外线，晚上背疼得睡不着觉，妈妈一看吓坏了，原来背上表皮都被阳光晒出了一层大水泡。从那以后，我才知道夏天的中午时分是不能在海边暴晒的，现在好了，防晒霜不再是女人的专利。对了，那时偷偷去海边玩还要受到惩罚，家长给定立的规矩中有一条就是：没有家长的陪同不可以去海边。那种惩罚还是很残酷的，要无依靠地站着，直到心服口服地认错，并做出保证方能解除罚站，时间常是几个小时，所以大学军训的时候，我的耐力非常人能比。不光罚站还要自己说出来，如有再犯，要自觉接受加倍惩处。我生来就一股犟劲，记得有一次，我竟站了 4 个多小时，邻居们来说情也不行，那滋味真是刻骨铭心。不过现在回想起来自己也理解家长的心思，也为我好。

生长在大海的怀抱，我真羡慕那些劈波斩浪的人。我要学游泳，开始是跟着大人们去，水深的地方是绝对不能去的。我有一个救生圈，其实就是小汽车的内胎。我将救生圈套在身上，在水中游来游去，开始很高兴，因为不费力就能漂起来，活动范围大了，可却对救生圈产生了依赖，好长一段时间没有真正的学会游泳。爸爸怎么开导，我就是扔不掉救生圈，我管那玩意儿叫救命圈。一天，趁我不注意，爸爸一把扯掉了救生圈，扔到很远的地方，我真是急眼了，望着救生圈使劲地划水蹬腿，抓住救生圈时，我高兴地喊了起来，我会游了。从那以后，我的泳技突飞猛进。再后来，我就不愿意和爸妈一起游泳了，也许我真的长大了吧。

你这个小朋友，几岁了，大概一岁多

回想在海边的生活，和我一起长大的同学们始

终是萦绕在我心头的一份思念。那时，我们的老师多是年纪很大的，尽管他们的普通话说得很不标准，可他们忠诚自己职业的精神至今历历在目。1999年秋天，母校百年校庆，我满怀深情地主持了庆典仪式，我从心里体会到，那时说的话是从心底发出的，是说给亲人听的。要说和同学们的情谊，更是感慨万千。我们这一代人大多数是独生子女，没有自家兄弟姐妹之间的情感体会，而和你一起长大，一起学习了五年、九年、十几年的同学间的情谊却是深入心田的，这是多大的缘分啊。记得上大学后第一次放假，我们十几个高中同学商量后，决定租一个小型会议室聚一聚，人家经理问清原因后，十分开恩，象征性地收了点费用，我们买了水果、食品、饮料一起回忆、畅想。是的，这是挣脱了高考缰绳后的我们，我们的心起飞了，我们的理想启程了。高谈阔论后的今天，有的出国了，有的当了白领，有的自己创业，但是我感觉我最幸福，因为每天直播的时候，有那么多朋友在听我们在节目里说话，但当时的我可不爱说话。

这些年来，同学们还保持着密切的交往，大家多是相约广聚，每次都要照顾大多数人的愿望，尽可能地实现多数人的相聚。要说同学，那真是缘分，杭州高中同班同学就有 3 人在同城读书。特别有意思的是我有一个同学，小学三年级时，我们就在一个班，那时我们戴着红领巾，手捧鲜花，一起为市里大型庆典活动献辞。后来上中学，再后来在北京广播学院一起读大学。现在他在国际台工作。想起来，这是多么不容易的共同经历啊。

手机尾号 7260

为子，我啪啪地给你发短信息了，你也啪啪地读啊！……

手机尾号 8044

交通广播同志您快播播，我小儿子才几岁，今天下午和他们同学玩斗地主赔了 60 多块，您快表扬表扬他！

青年——我和话筒的故事

故乡是富饶美丽的,故乡的人们更是善良质朴的。也许是“父母在不远游”的记忆犹新，也许是故乡的宜居让人舍不得离开。据妈妈讲，有多位同事都曾问过：你怎么能忍心让自己的孩子一个人在外边打拼呢。我的父母在这方面还是十分开明的，他们很早就告诉我，只要你自己喜欢，你自己感到适合，你在哪个城市工作、生活我们都支持你。

我和我可爱的妈妈，现在估计她抱不动我了

父母也有不开明的一面。小时候我参加典礼献辞，主持联欢会，爸爸总是满脸不高兴，老是教训我说，你在这方面耽误的时间，要用你后半生的学习来弥补。我知道他们是怕我不务正业，影响学习。我心里暗下决心激励自己，一定要在自己喜欢的事上干出点样子来。在这复杂的心境中，我背着父母，把节省下来的午餐费用来当报名费，参加了全市普通话大赛。那时，我把自己关在房间里，查资料、练发音、听带子。我在学校悄悄地自己录了一盘磁带寄给了大赛组委会，当地专家在海选录音带后，就组织入围参赛选手进行初赛、复赛、决赛了。就这样，在父母毫不知情的情况下，高一时我得了第三名，高三时得了第一名。得奖那天，我美滋滋地捧着金色的奖杯回家，还故意装着漫不经心地把奖杯放在家里最显眼的地方。这回，爸妈什么都没说。我想他们知道，我长大了。

得奖之后的一天，妈妈接到一个陌生人的电话，问这是林贺的家么，林

贺同志喜欢来我们电台工作吗？我那不知所措的妈说，我家孩子还在高三上学，准备参加高考。电话里的人说：啊？那他长得倒是挺成熟的啊，真不知道是夸我那，还是别的，打电话的人是电台播音部主任。就这样，我虽然没有去电台工作，却得到了这位伯乐的悉心指导。老前辈为我设计了高考志向，制定了复习方案，在征得家人的同意后，我开始了非同寻常的备考复习。经过日以继夜的培训复习，我参加了当年北广、浙广两所学校的专业课考试，均收到了专业课成绩合格证书。经过统一的高考后，我收到浙广的录取通知书。

走进浙广是我走向播音人生的第一步。当年的浙广是专科院校，根据规定，每年有 5% 的名额可专转本，就是在大学转学。辛苦也许只有自己知道。新千年的时候，我来到北京，进入北广播音主持系继续我的大学生活。大学转学对现在的同学们来说，应该是没有了。大学毕业后，几经周折，我来到了广播电台，开始了我真正的播音生涯。

对面是我的奶奶，旁边是我姐姐，看形势这盘我要努力啊

回想起来，走向北京是我的幸运，而真正的走进北京却是一段漫长而艰辛的过程。

手机尾号 6709

早晨说今天没雨，洗车指数三，适合洗车。现在我在长安街上呢，也不知道现在天上掉的是什么？贺哥，为哥，怎么回事啊？

手机尾号 7668

题外话啊，我前段时间觉得你们俩像媒婆，从今天起我发现你们俩已经向专业方向发展了！

我和我的二环路

小时候曾有机会来北京游玩，但都被耽搁了。20岁我第一次来北京，却没有想像的那么欣喜。我的心中依旧还深深地烙着“柳浪闻莺”的杭州和“红瓦绿树”的海边印象。北京给我的第一印象是：排队等车，人如潮涌，晴天难见蓝天，晚上看个星星都很稀罕。记得刚来时，我和同学去全聚德吃饭，从广院先坐312到郎家园再倒1或4路，穿过天安门到和平门。给我的感觉天安门广场怎么没有想像中那么宏大？和电视上看得不一样，还惊叹电视工作者手笔很玄妙。但是随着之后对这个城市的了解和经历，后来和父母和朋友一起走故宫、游颐和园、逛香山公园、上八达岭游历的时候，我开始觉得自己还真有些刘姥姥了。正应了那句话，理解到才能更深刻地感觉它。随着我对北京的了解和体会，特别是当你和北京心心相印之后，你不但会喜爱北京，你还能从心里找出更多的喜爱她的理由。

有一次是同学在北海公园聚会，我置身于白塔、古柏、碧荷之中，那正是金秋十月的好天气，波光粼粼，荡舟水上，我才知道什么是让我们荡起双桨的那种感觉，大概天下只有北海才能称得上是让我们荡起双桨的地方。单说这袖珍的景山公园吧，的确很小，可当你走上那被磨得发光的台阶，你立刻就能感到历史的厚重，对哪一棵古柏的凝望，你都似乎能看到曾经岁月的沧桑。

要说最疯狂的一件事，是大学同学在北京聚会。我们在后海租了条船，在上面念诗，仿佛又回到了学校时光。大家一块念诗，真的是肆无忌惮狂放

地吟唱，大家都是学播音的，自然使气氛鲜活了许多，引来游人驻足观看，我们依然我行我素地抒发着心中情感，最后大家又高歌一阵，也许伴着酒精的味道，滋味就更足了吧。北京是让人直抒胸臆的都市。或许是古老的北京让我们成熟得更快了。

要是有人说他了解北京，你千万别太认真。北京太神秘了，从某种意义上讲,你做不到全面了解北京。就说北京的小吃,种类多得你未必都吃得过来，就是人人都吃过的烤鸭，还有全聚德、便宜坊之分呢？就是同一地方，时间不同，你的感受就不一样，冬天去北海那是另一种感觉，人特别少，让人觉得特别恬静。我有一次疯狂地工作之后跑到了北海，正好那天下雪，除了有人走过的足迹，剩下大片的地方放眼望去都是白茫茫一片，让你心里特别宁静，仿佛有一种曾经沧海的感觉，那种圣洁的感觉是可以影响你的境界影响你的心情。还有就是筒子河，去午门筒子河也得讲究时间，不能人多的时候去。我一般去都是夜间 12 点以后工作之后去，基本上就没什么人了，曲径通幽，特别宁静，让你的精神世界得到了一次洗礼，让你疲惫的身心得到了放松，从心里往外感到畅快。

再有一个地方，准确地说它又不是一个具体的地方，那就是二环路。不是有首歌唱的是“我的家就在二环路的里边”，讲的是地安门那边的事情。我觉得走在二环路上都是一种享受。心情不好的时候，有什么事钻进了牛角尖的时候或者特高兴的时候，我就会半夜开着车绕着二环转。当然油钱得自己掏腰包。从朝阳门出来东岳庙可能会瞟一眼，再往北小街、雍和宫、鼓楼、地安门、德胜门开，再转过来金融街、西便门，你看哪一处，都觉得顺眼，都认为它就应该是这样的，它就应该在这个位置上，似乎这里的一切都是法定的程式。转着转着你就会感觉到生活在这个城市不但是幸运，而且很幸福。

在节目里，我也特别讲过我喜欢二环路，有一次专家出了个题，我感觉不过瘾，就加了一问，二环有多少座桥？没想到爱北京的人还真不少，几秒钟后，32 这个数字就充满了短信平台，我想和我一样喜欢二环路的人还有很多。如果你心情不好的时候，也许我们会在二环路上邂逅，一起排解我们心中的忧愁，当然最好不要和十三郎朋友相逢了。

北京从申奥成功后，这八九年的时间里，变化是由表及里的、是翻天覆地的,奥运验证了北京的博大,印证了北京的胸怀,而我也更加喜爱这座城市。

我一直有一个愿望，要趁着年轻，把北京和周边都转一遍。有时候上节目听众问你慕田峪怎么走啊？野生动物园怎么走啊？经常会有人这么问，你会不停地给他们指路，实际上有些地方我还都没去过。这会在心里形成一种落差，是一种莫名的失落。我想，我会在尽早的时间里去实现我的愿望，更多地感受北京的魅力。

手机尾号 1830

母亲节，妈妈做的事太让人感动。为了让我吃到新鲜的香椿，下着雨这么大岁数登梯子从树上新摘的，心里好内疚呀！

手机尾号 9479

好久没听咱们的节目了，好想你们啊，我是北京的治安巡防一员。

1814：我女朋友带我见她家长去，我应该管人家叫什么呢？我该拿点什么东西？

武军：一般都是叔叔阿姨吧，是吧刘宝？

嘉宾：应该是吧，是叔叔阿姨。

武军：没有七大姑八大姨相你吧？

王为：不叫爹和妈吗？

武军：第一次见面不会。

王为：带什么东西不重要。

武军：关键是看你这个人。

王为：穿得干干净净的，别弄得跟艺术家似的。

6285：带烟酒糖茶水果点心，必须要全用红色的包装。

王为：我不赞同，你有一份人心带去就行了，但凡人家的父母有糖尿病呢。

武军：最好红纸上写着“无糖”。

我与车的故事

宝贝——第一辆汽车

我的第一辆汽车是捷达。那时候，买车前后整个人心思都在车上了，我想现在买车的大家和我那时是一样一样的，买什么型号的，什么颜色的，内饰格调，轮箍样式。我想像不出来，娶媳妇是不是也会这样的上心，当然我还没经历过那个,可是份子没少往外拿。中午休息我第一个任务就是擦车打蜡，天天的从里到外，一尘不染，然后，坐在那里欣赏着自己的爱车，还不自觉地老把思絮牵扯到骏马、骑士、纵横驰骋的意境里。小的时候想有辆车的愿望真的实现了，心里那种满足感至今还没有散去，经常自己掐自己，告诉自己那是真的。那时，我还留下了好多我和汽车的

我还是想我的捷达

照片，照片上的神情现在看来都是一种幸福。我真说不清，是当年青春年少不谙世事的单纯，还是有了自己的车确实值得那样动情。

我的捷达车头3年都是自己擦不让别人擦，不管刮风下雨，寒冬盛夏，有过夏天的大汗淋漓，也有冬天上完水全车结冰的尴尬。最多的时候一天擦过4次，因为那天下雨了，雨一停看着天边有点放晴就来一遍，孰不知天气真的像预报的那么不准。我的擦车最长时间有三个半小时，细致到用牙刷去刷轮胎，不但外表和室内整洁如新，而且后备箱也耳目一新，好多朋友在看了后备箱后，都说你的家能这么整洁吗？我是回答是，当然。以至于现在养成一习惯，这车脏了我的心里就觉得别扭，开着出去我难受，如果条件允许的话，办事或者采访的空闲一定要擦一遍。三环以里洗车的地方，我都去过，身边的朋友都知道我的这个最大的特点。

为了让自己的汽车不受委屈，我是千方百计地进行改进，轮箍换成铝合金的，脚垫要时尚的，贴膜要上档次的，就连清洁用具都不能含糊，不能让别人说咱不专业，不敬业。这些年来，在这方面的支出还是花了些许银两的，我觉得值，这让你在精神上得到满足，在物质上也是实实在在的享受啊。要想马儿跑得好，就不能心疼马吃草。

我的第一辆车，新车上路第4天从电台直播出来，我在那好好地等红灯，后面来一个车“哐”给我追了，当时脑袋嗡一下就大了，下来想哭的心都有了。但老爷们儿有泪得攒着啊。我这是新车才刚开了4天你就给我撞了，他说他也不是故意的，能怎么样，只能不了了之了。追尾，这是我生命中的第一次，所以很多人买车以后，我就跟他说，什么都要经历第一次，你要经历第一次刮蹭，要经历第一次被警察罚，要经历第一次疲劳驾驶等等。跟汽车会有很多第一次，那种新鲜感带给你的刺激不是能预料到的，可以把每次遇到的情况都当成第一次，这样会觉得更兴奋。现在身边的一些人有任何关于车的问题，都愿意和我交流，哪怕是洗车也会让我去帮他洗，因为我知道哪里洗的是最干净的，同时，我也会告诉他哪个洗车点是去不得的。同事们经常开玩笑说，让我拿块布再拎个桶在路边一站，绝对的专业，我也这么想的。

当把第一辆车卖出的时候真不舍得，已经买来第二辆车之后，还把第一辆车存了小半年没有卖，真舍不得。那辆车开了 4 年，轮箍一次没蹭过，而且全部在 4S 店保养，而且是一个师傅全程修理，没借过别人，不是我抠门，是真舍不得啊。直到我出手时，很多人还以为我的捷达是新车呢。喜欢到一种极致的时候我觉得就不仅仅是爱了，已经超脱的爱，是一种情，我觉得情比爱更深刻，更细致。所以叫我和我的爱车啊。

2204： 林贺，你果然长的很德国。

王为： 不知道表扬你还是批评你。

林贺： 你看我后背还有一个奔驰的标呢。

1196： 贺来了，为子也来了，凯美瑞有点不给劲，雅阁是我的梦中情人。听说最近有人想吃炸酱面，哥们儿手头宽裕特别想请人吃饭。

王为： 这样的朋友认识的不多呀。

爱车一定要“花”和“费”

从买第一辆车到现在，我已经开了几辆车了，这些车有新车也有旧车。要爱自己的车，一定要“花时间”和“费子弹”。我现在开的是一辆 15 年的普桑，这辆车是 1994 年出厂的。很早以前我正式上路开的第一辆车就是普桑，可以说有一种普桑情结。这辆车拿回来之后我不惜血本拾掇它，我爱车有一个毛病，不允许这车有任何的异常响动，任何的脏污，就是整车的质量不允许有任何问题，哪怕轮箍上有瑕疵，我也会想办法修复或者换掉。这么多年在车上花的钱占我支出比重最大。对于自己的车谁都可能会有几个要求，有人买车纯粹是作为交通工具，这种朋友的要求是能开就行。有人买车就是显摆有钱，对车的要求是越贵越好。我觉得汽车不只光有运输工具的属性，把你从一个

要做一个全能的人，要做一个专业的人

地方运到另一个地方，带着你去玩耍，带着你躲避刮风下雨，在精神情感方面，汽车会花费你的银两，让你为它付出，但它会送给你惬意、满足、放松。汽车已经是我生活的一个重要部分。其实这么多年每天都在开车，有些心得可以和大伙分享一下，就算是我的爱车原则吧。

第一特别爱洗车。我容不得我的车脏，比如说今天本可以睡到9点，不，我会少睡一个小时起来去洗车。而且我几乎每天都洗车，要是这一天事太多了确实没时间，到了晚上人家洗车的也不加班，确实没办法洗车了，我也不能砸人家门把人叫起来吧，反正就觉得有件大事没做一样。我特别希望北京有夜间可以洗车的地方，特正规的那种。我常跟友福的老杨说，你们能不能延长营业时间哪怕钱多点都有人愿意，而那个人除了我还能有谁哪。如果这车今天特别脏了，我开出去了浑身别扭难受，怎么着也得找个地方把车洗了。不管车里还是车外，我觉得保持整洁是一个人的天性。有时，遇到一个月不洗车的主，说实话我真想说把车钥匙给我，我替他洗洗去。人家说就等着下雨天洗车呢，他注意力不在这，人家关注的有可能是牛市。当然这也不能完全说明人家不爱车，洗车只是爱车的一个方面。我洗车可细致到门缝、空调出风口、轮胎、轮箍缝都有专用的刷子去刷。这些细节可能会影响我的性格，同时包括做节目，这些细节也可能会表现出来。比如有人问我的辐射状的轮条怎么清洗，其实没有别的招，只有经常清洗才不至于到最后看不下去再去洗，

那时根本就洗不掉了。这洗车也是储备修车养护知识的一堂必修课。

第二不允许自己的车有任何的毛病和异响。曾经有专家统计过，一辆车上有上万个零件，彻底分解可能有几万个零件，而车上的异响有几千种，经常说的异响大概有 30 多种。如果真的做修车这类节目，对自己的车都不了解又怎么与别人去谈修车、谈汽车的养护呢。一旦我发现车有问题，哪怕是简单的异响，即使是偶发的故障，我也会去咨询专家，或者周末的时候起一大早去 4S 店跟修车师傅们聊一聊，把车升起来看一看，就算这个问题不存在安全隐患，有可能我也会更换零件。毕竟是了解了一些可能在这个方面会引发问题的知识，在汽车的维修保养问题上，无知者无畏是贻害无穷的。

了解掌握汽车养护和使用知识，是一种生活的积累，会让你感到有车生活很充实。同时，这种积累会让你在驾驶的过程中增加安全的保证。有一段时间，我车的喇叭一下雨就返潮不好使，我就去 4S 店请教。人家给我说，这喇叭是由螺丝调节声音高低的，现在喇叭分两种一种电喇叭，一种蜗牛喇叭，一般车装的都是蜗牛喇叭，蜗牛喇叭安装时有的口朝上，有的口朝下，如果蜗牛口朝上或者朝前，有可能因受潮积水而影响它的正常使用。一般蜗牛喇叭安装要求是口向下的，这样更利于使用和养护。但是很多司机可能不知道这一点，或者说安装的时候也不在意，装配工人也不在意，结果就会造成隐患。还有比如说车里一些辅助的东西，超速狗、GPS、各种各样的附件、轮胎检测仪、胎压检测仪等等，通过这些工具就可以更全面地了解汽车的参数，让你的汽车用起来更得心应手。要说还得买好车，人家上百万的车出厂时，这些玩意配的是全套，可是又有几个老百姓开着一百万满街跑啊。

第三给汽车建立档案。我就觉得车的一些手续，包括税费、维修记录必须都要自己心中有数。我一直在节目当中倡导的一个观点，就是希望大家能给爱车建立一个类似档案的资料库，这很是有些好处的。现在很多人会说我这车头两年修了，可不记得是什么毛病，是怎么修理的。实际上对于一台车来说每一个零部件都有自己的更换周期，如果能建立一个档案的话，或者我们依托 4S 店，依托网络，或者依托自己的博客，自己的笔记本等建立个小档案，会更便于车出现大问题以后专家的诊断。其实跟我们人看病一样，你说挂了一个号，大夫问怎么了，你说浑身疼，医生也会很为难。如果说上个星期我感过一次冒，这个星期可能扁桃体有点发炎，医生会在最短的时间内做出正确的判断，会对症下药。我建议朋友给自己的爱车建立档案，包括现在万车网上自己作为注册用户，提供的一些问题日后都有一个汇总，这也就是给自己汽车建立的一个档案，借助某些平台把这个档案建立起来。希望您能做一个有心人，把这些东西积累起来，让我们自己的有车生活更理性些。

第四个是我的车基本不借人。有人可能会说这是小气，其实这和大方小气没有必然联系。当然要是真有急事，还是要让人使用。但是就是胡乱借，今天你开明天他开，在我来说是不能接受的，往大了说这简直是对汽车自尊的一种亵渎。可能是爱之至极，车也是有灵性的，不希望随便一个什么人任意驾驭它，生人可能不了解它脾气，可能不掌握它的性能，就是对使用者来说也是一种爱护。所以一般情况下我的车是不借人的，真不是小心眼儿，要不您管我借钱得了，我答应的肯定比借车快一百倍。

林贺：我们发现听众朋友很多人的耳朵都很尖，形容得都非常的贴切。

3874：为子，今天是不是大水缸里做直播呢，深不深，别爬不上来。

0508：刚打开收音机，今大哪播呢？怎么跟澡堂了里似的。

王为：对，我一边做足底一边做节目。

7766：感谢中国男足，因为他们的存在，我哥请了我3次汉拿山了。

林贺：以后这赌兄弟们别打了。

王为：原来邀请国外的某超级联赛的某某队，咱们主场跟人家踢平，或者小胜人家，都是人。

伪二手车专家——这个我喜欢

我喜爱逛二手车市场，这是我业余生活的一个乐趣。周末有的时候休息半天，也要拿出专门的时间光临我最爱的汽配城和二手车市场。这是熟悉的人都知道的，有些朋友在节目里老说我是伪二手车专家。不管叫什么，这就是我的爱好。开始去时人家还以为我真的要买旧车呢，还闹出不少笑话。时间常了，特别是朋友们知道你是在用心琢磨这件事，对你就很够意思，大家都很尊重你，会讲出很多他们自己的体会和真心话。说真的，有些经验人家不告诉你，你自己还真未必都能体会得到。

在汽配城里有好多好玩的东西，有些是你根本想都想不到的东西。我要把整个车换成粉色的 hello kitty 都能办得到。不怕办不到就怕你想不到，在汽配城里有各种各样的车贴，各种公司的车贴，包括各种赛道的小车贴也特别好看。当然多数只是看看而已，虽然我也收集车贴，并没有真的下工夫。在旧车市场，老掉牙的旧车，你不觉得它丑陋，因为你知道它曾为这个时代做出过历史性的贡献。有些车虽然已经落后，可它的价格还是物有所值的。去二手车市场最重要的收获是通过交流认识的朋友越来越多，谈话的内容也越来越广泛了，我在那里已经不仅仅是在了解汽车了，也结交了不少朋友，了解了汽车的人生。游走二手车市场是个特别有意思的事，现在国外的二手车市场已经相当成熟了，中国的二手车市场怎么发展，我们这一代大概会作为一个共同见证它起步的人。

要说我爱逛商场，那可是冤枉，除了二手车市场，我是很少逛的。10 年了，连潘家园我都没去过。

现在开车的时候多了，开的种类也多了，逛市场就比较有目的了，而且跟自己做的节目有 120% 的关系，因为在多次的换车包括试驾很多车当中，对各种车有了相对完整的了解，一方面增加自己的知识储备，另一方面做节目的时候也会用到，对诸如我有 8 万元买个什么车好？出了个什么车险怎么办啊？我买个二手车手续没办好啊，我会一个磕巴不打地告诉人家如何办。车有点小毛病怎么办也会去提示人家，这是一个很幸福的事情，作为平民老百姓的我有了这点成就感，足矣。起码在朋友当中，觉得在这些方面你还是个有用的人。

当然，真正做了节目以后，向你提问题的人就多了，这也是对自己的一种激励和鞭策，不可能 100 个人问 100 个问题你全都知道，可能会 85 个 90 个，剩下那 10 多个可能就在节目当中消化了。我可以去问嘉宾，消化以后就变成我自己的了，所以我常说，我稍微有点胖，这是有原因的。

0620：林贺，要是给你 1000 万，你就得找这个女的，这个女的还特难看，干么？

林贺：干呀。

王为：感情是无价的，如果 1000 万能够买到真感情这事就干了，如果没有真感情这事就算了。

林贺：别介呀。

3722：今天这个保险大忽悠是哪个公司的呢？我新买的车还没上保险呢，最近他们这个公司有什么优惠吗？

嘉宾：保险的事您可以问我，忽悠这个词不敢当。

王为：忽悠的事问我。

有车、有路、让我们一起出发吧

不知道能不能把汽车比作朋友，当你和朋友相处时会有很多感受，当你和你的爱车一同远行，你会同样感受到它的温情、它无怨无悔的奉献，你会因为它的付出而更加关爱它、呵护它。

自从拥有钢铁座骑吉普车后，从来不休假的我，心就开始不安分了。会车友、邀玩伴、动议、规划、准备，经过长达半年时间的精心策划，去年初秋的一天，当北京的天空微微放亮时，3 辆越野汽车冲出城市钢筋水泥的丛林，开始了我们的内蒙古边境之旅。

10 天的时间，我们从北京走承德过赤峰经通辽到达阿尔山，顺着中蒙边境线一路北上，先后穿越了蒙古、锡林郭勒、科尔沁、呼伦贝尔四大草原，两次横穿大兴安岭，进入到黑龙江境内，一直走到地图的最北端，到加格达奇经嫩江过齐齐哈尔、大庆、最后从哈尔滨回到北京，行程 7000 公里，金秋时节饱览了北国万里山河，我们真的放飞了心情，同时也放飞了自我。

清晨，迎着东方的旭日，汽车飞一样地奔驰着，我们的心也飞向远方的天边。城市的喧嚣、堵车的烦恼、工作的压力、物价的波动全都留在了都市。

8 个人分乘在 3 辆车上，明确分工，各司其职。摄影摄像有专人，保证把每一帧精美的画面送到每个人的电脑中。至于其他人的相机，就算是摄影的玩具吧，你可千万别愚蠢到指望这些相机里会出什么精品，这可是有经验

教训的，出发前都说自己带着相机，回来后都无颜向别人交出照片，都说会照相，那水平可是天壤之别。财务有专门的会计，所有支出由此一人负责，一是省去大家劳神，二是AA制，每个人心理上都不留负担。当然，此人担子极重，车喝油买单过卡付费，人吃住游玩结算，不但繁琐费力，还要精打细算。还有路导，掌管着GPS、地图、旅游指南，并负责记录行程日记。至于兼职工作那就各尽所能了，艺术指导负责安排人员风光摄影，美食指导负责点菜买酒，当然野餐全部由此人负责安排调度。万里行程这些兼职人员的才能都发挥得淋漓尽致，那些千姿百态的人物风光照，餐馆小酌的留影，以及抢修排险的难忘时刻，都清晰记录下了驴友们的丰功伟绩。

山水万里无穷尽，情谊相伴人相知。似乎一离开城市，天空越来越蓝了，也许是心情的原因吧，因为不用上班了。

秋天的坝上一片金黄，只有山岗上的松林依然是那样的青翠，一团一团的白云，无忧无虑地游荡在蓝蓝的天空，秋天的色彩是纯真的，连过度的成分也没有，秋天的景色是成熟的，风吹过来都带着丰收的气息，看着田地里的玉米，真想当回可爱的狗熊，可是我不能。

沃野天低树，山川任我行。太阳在悄悄地亲吻着远处的山峦，天边的云彩留下她那火红的唇印。傍晚的草原是幅精美的油画，她的景物是那样的自然，重峦叠嶂，千姿百态；牛羊簇拥，欢歌笑语；星星点点的蒙古包上飘起袅袅炊烟，为晚霞低垂的天空调上了一丝朦胧的诗意；她的色彩是那样的柔和，红与褐的融合，蓝与黑的交映，黄与金的共生，白与灰的相拥。这一切你只能去感觉，无法用语言去表述。好在我们有相机的帮忙，照片的记忆比我们人类大脑要精准了许多。

在额尔古纳河畔，我们沿着中蒙边境线上的土路前进，体验边境行的感受。汽车在土路的颠簸中行进着，这本不是什么路，只是草原上曾经有很多车辆走过的印迹而已。我真有些心疼我的车，车在不停地颠着，好像是风浪中的小船，行进的速度很慢。雨越下越大，路越来越滑，汽车在泥泞中爬行。我们的汽车已不再像往日那样随心所欲，摇摇摆摆地像是喝多了的醉汉。车里的音乐没有了，笑声没有了，我额头上的汗在不住地流，凭着手感打方向，听着发动机的声音踩油门，那种紧张的情绪，到现在回想起来还有些后怕。也就从那时起，我想再也不能在人前轻言什么开车技术之类的本事了。

古人说离天近一点，可以听见云在低语

呼伦湖畔，在鲜花和绿草的岸边，有数不清的贝壳，大的足有脸盆大，不知道它们是死后被波浪淘推上岸的空壳，还是湖水退却时被遗忘在岸上的弃儿。尽管它们很美，可它们呆在了不应该存在的地方，让人看了会想到很多很多。

最美的还是沁人心脾的五花山，河水与山峦相伴，公路在山水之间起伏蜿蜒，一望无际的山峦，不同的树展现不同的姿色，远看各有千秋，近观相拥共生，那是满山的画，一山又一山的景，我们便是画中移动的风景。

在穿越呼伦贝尔和大兴安岭的路上，有些草场是高低起伏的丘陵，放眼望去没有一棵树，牛羊成群地在丘陵上游动，骑在马背的牧人，挥舞着鞭子像在指挥调度，几百只羊儿竟然像抱成一团的白云，没有一只离开集体。牛儿在山坡上低头吃草，什么也不看，什么也不管，它们是分散的，星星点点布满了山坡，我想不出牧民们是用什么办法把这么一大片的牛集合起来的。

有些草场是在千回百转的河流两旁，那弯弯的河水像玉带，像哈达，静静地流过草场。河边五色的灌木林，红的似火、绿的如翠、黄的若玉、紫的像玛瑙，树林与河水相伴着铺向远方。还有些草场与山岗森林相间，那更是层林尽染，白桦的金黄、松树的青翠、枫叶的火红，牛羊游荡其中，动静相宜，美不胜收。

由于海拔高度的变化,地形和植物也随之变化。风光层出不穷,百般变幻,山山有新景,川川有洞天。这里已不再有宽阔的草原,而是群山、森林和河流。亭亭玉立的白桦林,清纯高雅,金色的树冠富丽堂皇;成片成片的枫树林,激情似火,让秋日的山川尽显勃勃生机;落叶松脱下绿色的外衣,挺拔的体型和整齐的方阵更显出几分姿色。举目远望,美不胜收。尤其是那潺潺流水,清澈见底,明亮如镜,圣洁得就像能洗去一切人间风尘。

看着眼前的美景,我不禁想起了那些所谓的人造景观,名字虚无缥缈,给人的印象总是非驴非马,让人啼笑皆非。上苍留给我们的遗产是多么的宝贵,若不珍惜,恐后人将无有目睹之幸了。

在松嫩平原上我们尽情地飙车,一望无际的千里沃野,星罗棋布的湖泊,江水弯弯,良田万顷,丰收的玉米、水稻、田菜满目皆是,祖国的北大仓,在她最动人的季节,我们相会了。

这是我第一次自驾车远行,感受实在是太多了,不仅仅是北国山川壮美的景色带来视觉上的冲击,更多的是心灵上的释放,一次精神洗礼,你会由衷地感叹,人间美好的事物有多少是我们所不曾知道。那些天什么都不想,因为已经离开北京了,什么事都做不了,那是一种纵情山水,物我两忘的心灵净化。

5810: 我女儿现在正在学滑旱冰,专家帮着分析分析,什么时候能让她起步呀,有点推位感,动力性提高一点,另外她有点肉。

林贺: 这就是胆的问题,找一个大坡一撒手。

王为: 会停吗?

林贺: 不让空档滑行。

我和车一起过的春节

去年的春节没有回家，和车友们去坝上了。对于父母在外地的我来说，这还是第一次。因为北京没有下雪，所以我们决定要去感受一下那里的冬雪。朋友们每年都是初一到初五去，这对于他们来说是例行的旅游，对我来说却是惊喜，是不曾有过的经历。那是一种心情，是人在旅途中的一种心情。原来可能非常盲目地去做一些事情，当然也是有意义的事情，但是你的生活应该更加丰富些。这丰富从哪来，必须要主动地去改变一些事情，当你的生活形成一种习惯而不去改变的话，就要僵化成一种例行公事了。所以要挤出更多时间，来培养自己的兴趣和修养。旅途需要玩伴，要真是一人独行，目前看我真的没有达到那种境界，还真不习惯，确实一个人玩耍也是太枯燥的事情。坝上游来我们开了2000多公里，去木兰围场、红军马场等等一些地方，春节没更多的人，有的是一份寂静和安详。完全是我们几个渺小的生命在跟大自然做游戏，刨坑、挖雪、打雪仗、堆雪人、把人举起来扔到雪堆里，把车开到满是白雪的山冈，真是特别过瘾特别开心，在城市里这样的味道你我都不曾品尝。在银色的旷野中，你仰望蓝天，你会不由自主地想，生活可以是这样的。

车给我带来了一些新的经历和感受，车可以成为你的朋友也可以丰富你的生活。经常有老人说，我活着一辈子就在这个城市里，生在这个城市，长在这个城市，一直到老，没去看看外边的世界有多大。其实去外边世界有很多种方法，跟团、自由行、驾车、徒步有很多方法，但我个人觉得驾车是这里面最好的一种选择。每到一个地方给车照的照片会比给自己照的多，我觉得我到了这个地方它也到了，我经常问自己，爱车带我来到这美景之地，为什么不给它照照片呢？各种角度的、晨曦的、晚霞的、夜幕的，随着年龄的增长，这种爱可能会被分散些，但有时间的时候，只要你跟它在一起就好。

现在有些朋友因为车而活得很累，为什么不试着改变一些东西。包括有些听众也说，我一月挣 5000 块钱买个什么车，我觉得适当的差不多就行，别努着。更多地把你和车结合到一起，去做一些事情，周末可以去郊区深深地呼吸，初春可以去西山踏青，当然绝对不能拉黑活。这就是车带给我的一些东西，其实包括车给你的一些性格，像有的时候开快车就会想到真的是欲速则不达，有那么多车祸事故需要人们从中吸取教训。车可能会磨练你的某些性格，这大概说是磨练结果。

手机尾号 6800

王佳一神了，她知道今天要下雨，上午她报天气预报，愣把昨天的天气预报当成今天的给报出来了，结果今天还真的下雨了！

手机尾号 2520

问一下杜姐姐，思域这车怎么样？听说这车不爱坏，是吗？我准备结婚后出手，到那时价格怎样？我现在 18 岁。

手机尾号 8912

我男朋友给我开车时的胳膊腿起了名，左腿：离合腿，右腿：油门刹车腿，右胳膊：挂挡手……一定要读哦，他在单位等着听呢。

我的电台经历

“GPS 林”的指路心得

有一位叫“铃木蝙蝠”的听众朋友发信息说：我不想管你叫林贺了，你改个名吧，叫林地图吧。你以前是做什么工作的？怎么北京、外地、市区、郊区、环内、环外、哪都认识啊？这是听众朋友对我鼓励，其实，朋友们感受到的只是一部分，或者说只是不知道过程的一个结果吧。

我最开始接触到服务热线这个节目的时候是一头雾水，是从零开始。看起来是很轻松、很休闲的节目，实际上这里面核心的部分是最贴心的一对一服务。怎么样去体现服务性？我们3个主持人就希望在每天修车的同时有一些涉及到交管、保险各个方面的事情来扩大服务涵盖的范围，以交通服务为主，生活服务为辅，包括感情都可以和听众朋友们交流。王为在节目里有很多外号，比如说王大夫，可能久病成医，当然这些只是作为调侃的。在最开始的时候我们找了几个渠道去体现服务，比如说跟车有关的办理进京证的地点、体检的医院、各个车管所的地址电话都必须去背。当然搜集是一个很繁杂的过程，可能看到了但不知道会不会用到，到底该不该准备。原来最早的时候我想设计一个电脑程序后来也搁浅了，当然我估计以后可能会有用，比如说模糊搜索，相信会对大家有所帮助。

我感触最深、最直接的就是指路，现在，北京的大路五环以里的基本不用查，当然问到哪个单位、哪个门牌号我们去过没问题，要是没登过门肯定要查，但是这个速度也很快，我有自己的方法。去外地的一些路，像去南方、内蒙或者去西安、成都、山东这些路走过，肯定就如数家珍，起码大的城市都没问题，去一些省会城市也基本没问题。当然要去小一些的城市，还是需要准备的。有朋友在节目里问去滨州该怎么走，说实话好多人都没听说过这地方,不是山东人的很少听说过这地名,是山东人大多也不知道怎么走。这样，就需要主持人提前做一些功课。对一些大的城市要了解,当时我是查邮政编码，邮政编码显示的一个省大概有十二三个城市，这些城市的路提前都要查，而且要去和长途汽车公司的司机沟通，这个路通不通能不能走，是不是最近的，过路费多钱。还跟物流公司的司机去求证，因为从服务热线说出去的东西必须 100% 的正确，如果不正确的话服务的社会价值可以说是零，甚至是负值，因为出了错听众的忙帮不上，还要给人家添乱。这么多年来，比如说你指的道不是最近的，那么很多热心的听众（真是感谢他们）就会通过短信告诉你，贺不是这么走的,你可以这么这么走。比如去青岛可能有很多条路,走京津唐、走京沪，奔济南再到淄博、潍坊到青岛，还有一条路就是直接从天津外环走津汕公路插到黄骅（我们俗说的滨海大道），也可以插到潍坊奔青岛，其实还有两条路，新开的荣乌高速也是一个选择。面对这么多的选择，不同的人也会有不同的需求，有人不想走高速，有人不想走老路想走新路，那就应该给他提出黄骅那个选择，如果说我就想遛达遛达，那就走济南，济南有很多的小吃,也可以到趵突泉去看看。所以说,具体到从这个城市到那个城市的路径，是要根据不同人的需求做出的不同选择，这就体现出了节目的细致、周到和个性化的服务。你的知识储备有多细,你的服务就有多细,那么大家听了以后，接受这个服务的感觉也会特别良好。

我在北京生活了 10 年，在这 10 年当中也去过各种各样的地方，四九城经常转，包括朋友家里人住的地方，对这些地方熟悉程度较高。比如说几点到几点这个路段会堵，几点到几点不会堵，这都是一些比较细致的东西，所以我指路时经常会说，要是贺走就这么走。因为一旦说出去，有很多朋友可

能有不同的观点，你说的肯定也能走得通，问题是其他的因素可能被你忽视了。而我说的这个，是经过深思熟虑相互比较过的，包括跟大家一起讨论的结果。举个例子，从北二环去新街口从德胜门出去有两种选择，一种选择是继续走辅路向西穿积水潭桥奔新街口向南拐。如果让我指路的话，因为那条路德胜门有 345 公交车站平常车都比较多，在非上下班的时候可以这么走，但在早晚高峰的时候应该从德胜门出去右转走辅路，在德胜门桥北侧的桥底下走冰窖胡同，然后碰到红绿灯再左转，也就是从积水潭桥、北北太平桥往南的路上插过去，这样等灯的时间会少，拥堵程度也会少，这只是一个非常简单的例子。包括有很多朋友问从回龙观要进城去建国门应该怎么走，其实有很多路可以选择，我一般所说的都是我经常走得比较顺的路，这就体现了你的服务性，怎么贴心我们怎么来。

再说说从一些服务网点的方面看，北京发展变化非常快，像近些年北京火车站经过改造、北京西站调整线路、北京北站焕然一新、北京南站刚刚建立，对于这些火车站方面的信息也要为听众提供一些服务，包括坐车怎么去公交车站点，怎么去地铁站口，我们必须要了解，而且这些东西不能是道听途说的，必须要亲历亲为心中有数的。如从东直门坐机场轨道到机场 25 块钱，可以托运行李换登机牌；机场二号航站楼跟三号航站楼之间的轨道交通，它们之间的通勤车辆、停车场有什么区别；机场停车第一天多少钱，第二天多少钱等等，这些所有的细节都要了解，如果不是亲身经历的话根本说不清楚，因为大家的问题纷至沓来，不定会问到什么地方。前两天我正好去机场，特意要了几个服务指南，光三号航站楼就有两个服务指南，一个是整个航站楼出关口、出港口的排位是怎样的，停车场的服务电话是多少，有多大多少个车位，大车停哪小车停哪这都有；另外，它还有一个是包括机场大巴的早晚末班时间，行走路线停靠站点的指南，这些作为服务热线的主持人必须也都知道。如果有人特着急要去机场接人，要坐大巴去怎么办？不可能当时在直播的时候去查询，浪费时间而且不一定能找到最满意的答案，这些细节的服务是服务热线的特点所在。

还有北京周边的一些旅游景点也必须要了解。有人想吃鱼，除了虹鳟鱼一条沟还有哪可以吃？有人想爬山，除了香山八大处，去云蒙山可不可以，灵山可不可以？必须要信手拈来。如果有时间，我也会约朋友一起去游玩，他们觉得白给一个免费司机，而我在记录路线里程，一举多得，各取所需吧。比如说去灵山走盘山道需要注意些什么，去云蒙山别走过了头，门票是多少钱，拿什么样的证件可以打折，这些细节的东西要装在脑子里，要成为你记忆硬盘当中永远无法删去的东西。只有这样，你才可以给更多的北京人，给更多外地在北京的人，给更多需要帮助的人，以贴心的服务。

还有当我们遇到特殊情况时，比如“五一”、“十一”之前西单商品打折，王府井有奖促销，大家会蜂拥而至，我们就会在节目当中提出疏导意见，像天安门周围停车位比较少，最近的地方哪能停车，我就会告诉他供电局能停、国家大剧院可以停、北京市公安局后面可以停、皇城根里面可以停，同时告诉他怎么走。这种一对一的、心贴心的服务，听众听完以后会非常满意，不但解决了具体的问题，而且会感到自己的需求得到了尊重。这样就拉近了我们和听众之间的距离。

我觉得这些服务的信息还要逐步完善。我每天上直播带个大本子，上面有各种信息，可能有武汉火车站的电话，郑州机场的电话地址等等。比如说北京到济南 438 公里、到郑州 680 公里、到沈阳 658 公里、到唐山 160 公里，这些数字可能经常涉及，一定要记住。要真问我去海口多少公里我还得算算，这个不是大家经常走的路。但是听众不一定每天听节目，所以要不厌其烦地去背这些东西，不厌其烦地去做这些事，节目之下也要打很多电话。

我记得在节目当中有一次比较深刻印象，一位听众一家人回老家辽宁，走到半道上车坏了，他虽然听不到我们的节目，因为我们的短信平台 106695881039 面向全国 24 小时服务，他就给我们节目发了一个短信紧急求助，说在京沈高速上车出现了毛病能不能提供帮助。情急之下想到了我们，看来他是把我们当成真正的朋友啦。我当时就在节目里安排：马上把他的电话告诉汽修三厂的潘冬子，专修金杯的，让潘冬子在电话里指导着处理故障，或

再派救援车。我记得那个冬天特别冷，我们几个都非常着急，最后他发来短信说问题解决了。就我们而言，觉得特别满足，能够通过节目，通过平台，通过短信给听众帮助而且很到位。再比如说有很多人问路，说我在大兴黄村特别着急想去机场从哪走最快？这时候可能指的就不是最近的路而是最快的路，如果在下班晚高峰去走三环四环真不行，这时候就要把道理跟他讲清楚，让他直接从大兴黄村上京开高速走五环到机场，这样起码能保证在不超速的情况下45分钟到机场。有一些紧急的情况在节目当中也曾经出现过，比如说像病人来京看医生，有些外地的朋友在出租车上听到广播后，就打电话问，我们来看病应该去哪看？我们就得告诉他，如心脑血管就得去阜外，神经就得去安贞，烧伤去积水潭，类似这些专科医院也要有所了解。特别紧急的情况下可以给大家快速的反馈。

现在出行不光只是开车，有很多人会问从我们家去鸟巢坐什么公共汽车？这如果在原来，没有网络的依托也许我们根本查不到，除非是自己经常走的路，现在不知道的可以通过网络去查询，以满足坐车人的需求。比如有人问我想带着儿子去八达岭怎么走，坐什么车？那就得告诉他去德胜门坐345直接到昌平，或者可以坐轨道交通到西直门，出来以后上北京北站一天有两趟火车去八达岭。就是不光要服务开车的人，也要服务那些不开车的，人家坐公交出行也有需求你满不满足？我们的工作职责是必须要满足服务。当然如果天天短信满篇都是这个估计我们仨就得累晕了。

这些东西是需要不断完善的，不断更新和充实的，需要每天去浏览很多新闻。我记得在最开始上节目时，王为说每天必须要看新闻，他每天健身的时候，两个小时在阅读报纸。我每天晚上回家，北京新闻、中央台的新闻联播都必须要看，包括北京电视台红绿灯，可能跟我们业务相关的都会去看。因为有一些贴心的提醒，包括一些政策的实施都必须要了解，了解以后才能更真切地去帮助别人，才能帮人帮在点上。不要到上节目的时候，别人告诉你消息你再去转播，应该是自己有消息主动去传递，这个是非常重要的。因为有很多人可能每天在路上开车，他真的不知道，包括修车点、加油站、医院、换乘站等等一些情况。原来我上节目的时候觉得时间有些难熬，就因为你自己的知识储备少，心中无数当然是手忙脚乱。现在是感觉时间过得真快，还想挤出点时间多说点。

我们做服务热线的，就要贴近听众，贴近生活，特别要关心听众感兴趣的事，这些事来源于生活的方方面面，需要平时留心观察。作为主持人，思维是不能歇脚的。平时开车出去，看到街边新矗立一幢大楼，我要看上一气；哪有新打通的一条路，更得好好瞅瞅；偶尔坐趟地铁，也和工作人员聊几句，保不齐哪天节目中就能派上用场。通过不断的学习积累，越往后就越熟悉了这个节目，并且储备了大家所需要的知识，会觉得节目时间越来越快，心里也有一种轻松的愉快。不是说快乐的时间总是过得很快，痛苦的时间总是难熬吗。

7932：今天看车展的人多吗？

林贺：我觉得挺多的，今天来的时候是摩肩接踵的，白鞋回家都变黑鞋了。

王为：你是说大家都踩着脚来的？

3737：你说现在有些人怎么就这么势利眼，刚才我去一个售楼处，售楼小姐爱搭不理的，我因为去售楼处所以穿了一身工作服，他们就这样，你说他们至于吗？

武军：应该理解他们，任凭你说得天花乱坠，我这个钱攒得不容易不会轻易出手的。再有一个原因就是下午没准刚吃完在那迷瞪呢，也不注意您究竟是来看房的还是来视察工作的，这跟您穿不穿工作服没关系。

王为：上次我穿得挺正经的，我想进宾利里头坐坐他们怎么不让我进呢？

武军：人家有眼光，穿正经衣服的不见得都正经。

服务热线把我也服务了

从来电台实习开始，一路走来10年了。先是做过律师的节目，也是一个答疑解惑的，属于服务性的节目。这是我走进听众亲近听众的开端。后来的一个节目叫《缤纷卡世界》，那个时候大家兜里的卡越来越多了，从存折已经过渡到卡的时代，身上有各种各样的卡。我们会去找一些资料，比如这个卡怎么用，怎么退卡等。当时装成一个虚拟的人物，变一种声音，也锻炼了自己的语言，也了解很多知识。接着有个娱乐节目《欢乐城》，形式与一路畅通相类似，也培养了一大批听众。那时候我们一天最多收到过400多条短信，火了好一阵子。后来做《生活36计》和《娱乐72变》上下午遥相呼应。生活36计也是服务性节目，教你各种各样的生活常识。通过我们的介绍和调侃，包括一些示范讲解，讲给大家一些生活知识，大家也特别爱听，收到的来信也特别多。后来在文艺台做了个节目，受众面变化很大。那是个老电影回顾的节目，现在还有很多人，包括身边的朋友问起当时的节目。各位前辈和老师的悉心指导，老同志手把手的传授经验更是可贵。应该说这些学习和实践，对提高我的工作技能是不可或缺的。也可以说是为投身服务热线奠定了坚实的基础。现在做节目时有人问我是不是北京人？怎么对北京这么熟悉，说来

交通服务热线

这都是长期在节目上和节目下实践的积累，说心里话，都有用。

来到交通台最大感受是，这里是一个充满激情和活力的群体，主持人说话语速快，节目内容调整变化快，听众意见反馈快。主持人个个都像上满发条的机器，天天都是乐呵呵响当当的。工作生活在这样的一个集体里，你会增加一份自信，你会增加一份努力工作的欲望。走上服务热线，似乎并没有陌生的感觉，体贴入微的领导，热情开朗的学长，特别是服务热线的热心听众，让我体会到了朋友的真诚。经过预热，我这个新兵就算正式服务了。

王为跟潮东他们合作了4年，打造了这个栏目的品牌。在这4年当中他们的个性引领着热心听众，包括专家的服务，包括他们俩作为纯北京人的乡土情感，让栏目走进了听众，赢得了听众的认可。这其中让我最为感动的是，原来王为他们每年出的《1039服务手册》，上面的地图中关于一些站点换乘，立交桥走法，对大家提供了具体实用的帮助。当我看到很多人车里都放着这个册子的时候，我真为他们的敬业精神所感动。作为一个媒体人能够把服务做得如此精道，绝不是一件轻而易举的事，他们的努力为我们新人今天的工作树立了榜样。

2007年加入这个节目后不久，4月份就去了上海车展，这是我在电台工作以来，第一次去外地做直播，当时心情特别兴奋。公关部、领导、主持人梁红、王为、大家一起出发，在外边工作大概10天。给我最大的感触是在整个上海车展当中，作为广播媒体加上网络媒体，交通广播的阵容是让人印象深刻的，硬件配套设施也引来同行们的羡慕，观众对北京交通广播的认知度更是陡然提升。这些都让我产生了压力，使我认识到，在这样的一个集体里，自己应该有更高的工作标准，应该具备更高的业务素质，应该培养出更优秀的职业道德，争取早日成为一个名符其实的“交通人”。

在上海做外场直播，面对外地的听众观众，那么多喜欢车的人，怎么样体现专业性，怎么样体现贴近性？我觉得在这方面为子就比较老道，他给了我很多的帮助。在线下我们也会聊聊天，面对蜂拥而至抢奖品的人该怎么应对，面对观众的热情该如何处理。梁红自信娴熟的现场感让我受到很大启发。在

应急处理、临场发挥方面，2007年上海车展也是一次非常好的学习锻炼机会。回来后，上海车展的工作场景一直萦绕在我脑子里，很久很久。

此后在2008年的时候，我们前前后后直播了包括第十届北京车展、北京改装车展、朝阳公园商务车展、军博车展、农展车展的5个车展，每个车展都有不同的侧重点。虽然工作很辛苦，却乐在其中。外场直播挺有意思的，我记得每场直播的时候都站着，有可能是气氛紧张一些，但更多的是感到，站着更能拉近和那些朋友的距离。因为我们的节目是最直接面对汽车和爱车的人的。

手机尾号5116

我正听你们节目呢。我老婆非要给我讲笑话，她给我讲完笑话看我没反应，她说你听我的笑话还是听广播？你们说我怎么回答？

手机尾号2202

你们好，我老婆正在生我的气呢，后果很严重，你们替她骂骂我，她也在听你们的节目，叫她笑一下，谢谢了。

手机尾号5888

今天是母亲节，没给我妈礼物，但心里承诺以后不喝酒了。我可不是嗜酒，就是为自己健康，让妈放心！

听众——让我最感动

最让我感动的是那些素不相识的听众。初到服务热线，就被老听众们盯上了，尤其是短信留言，什么“你声音太正规了”，什么“你回答的问题有些绕”。那些天，我的情绪还真紧张了好一阵子。好在，没有一个听众在节目中让我难为情，现在回想起来，那是听众们太喜欢这个栏目了。

星星跟着月亮走，沾了栏目的光，我慢慢地被听众接受了。短信留言中，大家开始叫我“乐贺”了。要知道人无外号不亲哪。这不，有了外号，听众就不把我当外人了。

说来也怪，人心贴近了听众和你就亲了。一天，一位听众发来短信，“哥们儿，老婆快生了，我想买些优质的育婴用品，给她一个惊喜，哪有质优价廉，给报个路况呗”。短信播出了，可我这脑子里还在潜意识里想，这兄弟不是在开玩笑吧？我还在和搭档不着边际地说些无关痛痒的话时，一条短信映入我的眼帘，“真为你夫人高兴，有你这样体贴关爱的好丈夫，育婴用品华堂商场品种齐全，价格也实惠，祝福你们的小宝宝幸福。”署名——大姐。事后，这件事让我惭愧了好一阵子，大姐不仅雪中送炭，帮我解了燃眉之急，更让我看到了她那颗乐于助人，热爱生活，真诚善良的心。她不仅回答听众的问题，更让交通广播有了得以生辉的灵魂要素。

一天节目进行时，一位的哥发来短信，“乐贺，快帮帮忙吧，北二环上有一辆红色别克，车号是3576，车的右后门没有关好，我跟了她好几公里，想告诉她，又是超车，又是打双闪，人家就是不理会，快想个办法告诉她。”你说，人家多热心啊，多信任咱哪。

一次，我感冒了，声音有些沙哑。第二天，我就收到了一位老大爷的来信，那可是一封时下很难见到的手书来信，信上老人家详细写明保护嗓子的验方：“麦冬、金银花各一份，泡水当茶饮”，并说明，此茶清热败火生津，常饮对保护嗓子很有好处。是啊，素昧平生，不曾谋面，老人家就像家里的长辈一样关心我，感动之情让我几天都不能平静下来。那时，我才真正从心里体会到，你播音时，是在和听众进行着心灵的交流，是在进行着情感的融通。你就是在和你的亲人唠家常，服务热线就是公众生活的大家庭。

一天下了节目，正好前面有一辆别克，突然车窗伸出一个剃得光光的脑袋说：“你是林贺吧？”因为就在台门口，绿灯亮了，我们互相挥挥手示意着祝福，各自开车走了。这就是听众朋友们的认可，没把你当外人，随便得就像邻居见面打个招呼一样。

服务热线的温馨还来自一个特殊的群体，就是我们热情的嘉宾。服务热

线一年四季全天候的是直播，把主持人拴住了这是职业的需要，嘉宾们也特别辛苦，最远的从北清路那边，风风火火开车到台里要一个小时，做半个小时节目又要赶回单位工作，嘉宾们真是无怨无悔风雨无阻。这两年，我在汽车专业知识方面的提高，其中一个重要的因素是得到嘉宾们的真传。服务热线的嘉宾都是咱北京数一数二的专家，他们跟车打交道的时间有的比我年纪还要大。比如说魏工、张忠林他们都是业内的知名人士，他们能用最简单的语言，把复杂的原理讲得明明白白，他们讲起汽车来那就是在上课，他们的那种知识储备是你取之不尽用之不竭的，要不是服务热线这个特殊的平台，恐怕我还没有机会向他们求教呢。为了提高服务的专业性，线下我们常跟嘉宾的沟通，了解4S店的一些比较新鲜的事，比如说处理投诉、投诉集中的车型、新车上市的反馈意见、二手车的价格趋势等等，他们把第一线的东西带给我们，我们经过梳理以后，会在节目中向大家传递，这些信息保证了热线服务的针对性及时性和专业性。在某种意义上讲，通过媒体链接，4S店、网络、客户、产品等等要素，已经形成了一个有机的平台，使我们媒体的作用得到了充分的发挥。

服务热线把汽车和爱车的人联系到一起，车拓展了你的生活半径，同时会让你不自觉地把很多的东西都跟车联系到一起，随着更多爱车人的加盟，我们服务热线的服务半径会越来越大。我们原来曾经想过如果语速快的话，节目的一节能修20辆车，慢的话一节就修15辆车，之间的比率变化会有多有少？我们每天大概有几千条短信，回复率大概有多少？比较有代表性的问题有几个？现在万车网的平台开通以后，在注册的时候包括网友的年龄段、在开什么车、他们的需求是什么？主要问哪些问题？装饰、修理、故障、车险方面的事各占多少比例？这都会有一个统计。实际上这并不是一个聊大天的节目，有统计学和社会学的东西在里面，值得去研究。我希望通过我们的不懈努力，服务热线以后会越来越好，越来越受大家的喜欢。

在紧张忙碌的服务热线工作中，你总会觉得有那么多人在陪着你，听得见的，听不见的，熟悉的，不熟悉的，看着几千条短信，快乐风趣的网上留言，你一点都不觉得累，隐约中你会感到一种快乐和满足。有一条短信让我乐了好长时间，短信说："贺子，找媳妇可别找你们电台的主持人，他们的嘴太厉害了，你要是犯了错她能数落你两个小时，中间不带插播广告的。"你说这位朋友多风趣、语言多鲜活，还真能在快乐中学点东西。

我真的爱上这个节目了，我跟妈妈说：休假时一到上节目的点就难受，浑身不自在，还是想上节目，想和大家说说话。

手机尾号 3722

我女朋友家人说了，没房不让结婚，我买不起怎么办啊？要不把你的房子借给兄弟我用个三五十年吧 。

4726： 为为，听说你对穿红羽绒服的情有独钟，我特意买了一个新的明天去看你，别忘了给我留一个耳朵。

王为： 你说一个大老爷们儿穿红羽绒服干吗。

林贺： 还红袜子呢，今天车展现场非常靓丽，不光车模在走秀，大家也都穿着漂亮的衣服走秀了。

王为： 今天来的美女真是挺多的。

林贺： 早知道我今天戴隐形了。

王为： 有很多朋友把自己起的名字发上来了。

我的兄弟们

来自草根的封号——武林王外传

现在很多听众习惯称我们仨为“武林王”,时间长了,觉得真亲切。说起来,这事还挺有意思的。从根上说，朝东跟王为曾经叫“王朝”组合，王朝可能

武林王

是来自一干红酒的灵感，也可能是附加在某一朝代时，叫起来很上口的缘故，当时他们叫得很响，在服务热线内外是小有名气的。我们仨最开始一起做的时候，也想起个名字，想了好长时间也没定下来。突然有一天上节目的时候，有个听众发短信说不如你们就叫“武林王”,那会正好是武林外传热播的时候，估计给我们起名的听众也是受到这个启发。我们一听都觉得这个名字不错，后来，在不知不觉中听众和我们自己都默认了这封号，包括在台里的一些场合，我们都以这个名字出现的。我觉得这个名字在服务热线的特定受众群中，在一定程度上增加了一些贴近性，也更大众化一些。

单说这个名字，还真有些说道。3个字取我们各自的姓，浑然天成。3个人又各自有各自的特点，老武他比较熟悉法律上的东西，算他偏武也合适。林嘛，有个词叫林林总总，我算个杂家，关注的东西更多的是一些生活的细节，一些服务性的东西。王为作为我们3个中的“老主持”,掌控把握的能力最强，能者为王嘛。要说3个人在一起，是个单数，是很容易闹出分歧的。我们3个人在一起这两年多，脾气上对路子，工作上默契，感情上和谐，知识上互补，生活上互相体贴。而且越来越感到心有灵犀，得心应手。我们私下里多次说过，“武林王”这3个字把我们弄成了一个人，看来是得好好的珍惜，散了都没戏。虽说这话是玩笑，我们3人还是非常珍爱这个“武林王”的。我们广播主持人与艺人不同，没有很多的外号。有这么一个名号把大家聚集到一起，增加了凝聚力是件挺好的事。还有一点，这个外号在热线内外让我们增加不少的知名度，就算意外收获吧。

2916： 昨天我体验了一下京津快速列车，这火车太快了，列车从天津出发的，一开起来觉得肚子有点不舒服上了一趟厕所，我刚一出来就听广播说，北京南站到了，请大家赶快下车。

王为： 得提醒这位朋友，在厕所时间也太长了。

我们仨的题外话

2007年朝东离开后，王为类似于海选，把我跟老武收编了。刚刚加入这个节目的时候，我是最不自信，最没有资历，最没有信心的一个人，当时压力还是蛮大的。做这个节目是站在巨人肩膀上跳舞，有压力那是正常的。那时候王为经常开导我，放心大胆的去做，做好你自己就可以了。他还找来一些有借鉴意义的节目资料，让我熟悉情况。这车上坡起步是最难的，也是最需要用力的，我那时就是这样一个上坡的时间段，好在是为子、老武给我加了不少的油。当然，那时候我不理解什么叫放心大胆的去做，具体地讲还没有从播报的状态走出来。当时，一下节目腰都疼，因为紧张在那老是板着。经过一段的学习和磨练，似乎是找到了一点感觉。我们的“王”就开始有想法了，说咱的节目应该有变化，不能一成不变，这样大家会感到枯燥乏味了，你们新来的，没有什么框框，开动开动机器，想点辙出来。后来我们就有了形式更活泼，内容更丰富的题外话。

每天的节目里，我们不只是简简单单给大家讲修车，可能你会问这是一个什么样的节目，不就是修车的节目吗？实际上也不全是。可以设想一下，每天给大家修50辆车的话，这个节目会非常枯燥，讲的都是专业术语和修理经过，就跟技工学校上课一样，听众群也会受到限制。在这期间插科打诨的，有很多东西是大家最爱听的，王为跟朝东发明的叫“题外话”。这是一个由来已久的传统，我和老武新加盟的人也要继承这个传统。当然这个题外话也是要有所选择的，比如像应时应景春天，我们去踏青应该去哪啊？今天她生了个双胞胎又开心（一下有俩省事）又苦恼（准备的银子不够），可能就会有这些方面的事情，聊一聊也是一种调剂。这个就是作为主持人驾驭节目的一些方法，怎么样去搭配这个比例，题外走多远的距离，都要有个度。比如说有一次我们基本题外话跟修车的话题占到一半一半，说得非常爽，那天两个主持人包括嘉宾都特别想聊天，大有意犹未尽的感觉，在这种情况下就不能按部就班的说，今天修五辆车再说一个题外话。其实这个没有一定之规的限制，完全就是根据需要，根据互动，根据大家的情绪去调剂的，大家的短信对我们来说就是一种刺激。我相信听众在这种自然状态下所收听到的内容，往往是最真切的，也是最喜欢听的。

要说在这种寓服务于说笑之中的题外话方面，那老武可有老大优势了，作为一个土生土长的老北京地道得很，他知道很多北京的老理，什么节令做什么？什么节令吃什么？走亲戚串门拿什么礼？说什么话？他都知道。比如说做蛋糕可以去新桥三宝乐，剃板寸可以去地安门的金板寸，照相必须去大北和北京照相。就说这居家过日子生儿育女的事，人家武哥那也是有实践经验的啊。再加上他那不温不火的语调，信手拈来的语速，让你觉得就好像是在院子里和邻居们唠嗑。这方面老武作为北京人，所提供的服务那绝对是原汁原味的原生态。

手机尾号 0133

瞧瞧，万车网立马把我每期都短信给你们但你们都不回的问题解决了，以后不给你们发短信喽，哈哈！

手机尾号 9677

你能也帮俺忽悠一声吗？他就在我边上，小年打麻将怎么了？霸道不让我玩！谢谢你啦！

手机尾号 9545

我老婆听广播呢，你大声跟她说把屋子收拾收拾。谢了！

0600：为子，听说你还爱打台球，我准备新开个台球厅，还没起名字呢，哥们几个帮忙起个名字吧。

王为：记得上次有人要开台球厅，起了一个名字叫做 show ball，烧包。

我们仨一起长大

2007年底辞旧岁的时候，我们3个人又坐在一起聊这个节目，王为说贺林有点自信了吧，心里见点底了吧。我说这也是你们陪练的结果。他说别客气，还要趁热打铁，好好地练。我是真想把后背这个实习标志早点摘下去。

哥仨

2008年，我和王为在北京体育台上了一档节目《奥运啦啦队》，节目集奥运话题、幽默娱乐、互动直播为一体，传递出人们观看奥运时的各种状态和心情，又不拘泥于奥运，扩展到体育和体育生活有关的方面。我觉得我们是把服务热线开通到了奥运会上，在奥运会之前有很多的交通管理措施，有很多的限行措施，还包括奥运会观赛门票的使用常识，涉及到观赛的礼仪，观赛的注意事项，观赛的乘车路线、位置、环保、安全须知，我们都在节目里向听众们宣传，做好这个节目得益于我们在服务热线练就的功底。像在那时候就有人提出我家住角门，下午要去看射箭，比赛场馆在什么地方？得马上告诉他在国家奥林匹克的北侧紧挨着五环的位置，坐轨道交通到鼓楼出来再坐奥运支线到场馆里从哪个门进，这都是服务的内容。当然，这是我们服务热线的强项。我没有想到好多人都喜欢上这档节目了，通过奥运会很庞杂的一些事情，我们更体会到了这种贴心周到的服务，对于老百姓来说、对于听众来说是很重要的。在此后北京举办一些像国际车展、展览会和一些大型活动的时候，我们就去关注与这些活动相关的交通信息，我们在节目当中跟大家互动，提供具体实用的服务。

我们的王，是实干家，有思想有点子，不知道什么是累。我们的武，干劲也不小，虽然大家说他有 50 了。我刚刚有点进入状态，我们仨就又走进了万车网这个线下平台，这样服务热线节目不光是一个半小时的服务了，在一天 24 小时任何时间都可能有听众提出问题，等待回复，这是一种新式的一对一服务，也是对我们自己的一种历练。我觉得这种方式的服务是一般的汽车网站无法做到的，我们 3 个作为主持人坚持在线答复。就算自己的业余时间，回到家里也会回答十几二十个问题。在回答这些问题当中首先第一点是对自己知识的一个梳理，第二个是对未知的东西是一个补充，第三点在这些问题中会发现有很多有普遍意义的东西，有意义的话题可以拿到节目当中在去传递，这样的话就把网上交流和广播服务有机结合，相得益彰。

回答大家的问题会通过电子邮件回到每个听众的信箱，说实话工作量还是蛮大的，确实是非常耗时劳神，要思考研究求证，要一个字一个字的往上敲，不像广播上嘴唇碰下嘴唇一说就完了。而且心理上也有压力，人家让你帮助参谋买辆车，这对谁来说都是个大事，一个人一生能买几次车？人家这么信任我们，能没压力吗？问这样问题的人可数不过来呀，有的人在提问过程中你就能感觉到，他还没入门呢，那你也要耐心热情地给人家讲解，让他明白后，帮他做出正确的选择。

当然，紧张的工作也并非都是付出，听众和网友们的表扬和鼓励，是我们无价的收获。一位叫老僧醉酒的网友发帖表扬说：“武林王，还真有点王者的风范，我大概看了一下，大部分问题你们都有回答，现在能为大家做点实事的人还真不多了，希望你们一直这样下去，别偷懒！态度决定一切！”还有什么比这些更能让我们满足和快乐呢，有时想到这些确实能产生一种职业自豪感。

一些朋友说我们 3 人磨合得挺好。要说磨合，磨靠实践合靠心，要通过具体的实践来历练，要以心交心，真心换真心。自从合作以来，我们一直坚

持不定期观摩伙伴的节目，从旁观者清的角度上去发现不足，以学习的心态去体会经验。他们上节目我会听，我上节目时搭档也会听，我们常在一起小酌一下，交流对节目的看法，提出改进意见。我们仨也有意见分歧的时候，为帮大家选车我们必须去开去试，不试真的不知道。现在新车上市的速度太快了，我们争取尽量多了解一些车型，为大家提供更精确的参考意见。比如试驾一种车以后 3 个人有不同的意见，对某一品牌的基本观点也有不同看法，期间也有一些交锋，但这些交锋经过研讨后的结果，就是大家认可的一个基本结论，这个意见起码代表我们 3 个人的基本观点，这样做的好处是把个人意见消化在节目之外，保证了节目的质量。

手机尾号 1635

我总是觉得不在北京，网上听服务热线没感觉！就跟你在乌鲁木齐喝豆汁似的，总是觉得别扭！

手机尾号 8886

你说，我媳妇脑子不好，可是，我们什么时候认识的、起的腻、结婚、领证她都记得，诊断一下，有病吗？

手机尾号 5755

报告，我是上班偷听的，短信偷发的，还是做设计的。近两年就没念过我短信！今儿还别念啊。

兄弟的情谊，手足的关怀

和两位学长相识多年，又一起工作了这么长时间，还有了一个共同的“武林王”，细细品味一番，真是挺愉快挺幸福的。

要说我们仨自己的事，放在一块说，我给两位往下拉分了，这还真不是客气，你就说这网上的帖子吧，“为子，我真喜欢你们的节目，更喜欢你的一脸坏笑。”你听听，喜欢就喜欢呗，连坏笑都更喜欢，这能不让人嫉妒吗？帖子上说武哥的也多是什么：一脸忠厚，稳重大方，神情可信，举止得体。我真怀疑都是一些中年妇女的心里话。说我的帖子就让人有些伤自尊了，说什么：“看见了比没看见时显的老，听见的比看见的老。”你说说，虽说我长得是老了一点，也没到这份上啊。不过，要说形象，人家这么说，还是有一定道理的。

说实话老武做节目已经十几年了，什么活儿都驾轻就熟。王为从 1998 年来台到现在 10 多年时间，各方面的成绩都非常突出。我做节目的时间短，社会阅历浅，虽说工作方面还有点劲头，但在武林中就显得功力不够了。

为子是比较洒脱聪明的人，业务上精益求精，业余时间休闲娱乐，游历山水他乐此不疲。他的那种生活观念更代表成熟的男人,用他自己的话来说：“这世界上只有一件事能让我认真地较劲，那就是工作了，我每天都过得特忙碌，也喜欢在忙碌中感受充实、传递欢乐、并且尽我所能。”他给我最深刻的印象是，大事难事面前，气定神闲，举重若轻，一天总是乐呵呵的，正像有人形象地叫他阳光大男孩一样。就说现场直播吧，我们似乎前几天就要进入情况，自己就给自己上弦了，就开始紧张。人家仁兄，没事一样，一切照旧，可到了现场，他就像是天生的主人，谈笑风生，挥洒自如，和观众打招呼和蔼可亲，尤其是向观众挥手致意问好的神态，就好像是老朋友见面似的，还时不时地走出直播间，和观众合影留念，一切都是那样的和谐自然，从场面看他就应该以这样举止出现在这个地方。我多次观察过，这不是谁都做得来的，这里面除了经验知识外，还有很重要的一条就是修养，就是你个人的综合素养。很多时候，人与人之间的差别最大的可能就反映在这个方面。

为子可是行万里路，读万卷书的主。人家去了一次欧洲游，就发现那些国家的公民汽车保有量是很高的，可大街上不但不堵车，而且在街上跑的汽车就很少。要说人聪明呢，人家就开始了解琢磨了，是个有心人，原来，那些国家的私家车基本上平时不开，只是假日远游时才开车。平时，大都是乘公共交通工具，什么地铁、公交车，还坐有轨电车呢。两相比较，为子有了体会，

于是在节目里就有了现身说法的深刻表述，给听众们上一堂生动的先进汽车理念的环保宣传课。这能说人家是游山玩水吗，往大里讲这是去国外调查研究去了。

一起工作这么长时间了，我们的王还真的没有和我们急过眼，这倒不是我们没有犯过错，也不是他视而不见，人家那叫于无声处有地雷。“贺啊，你看看，这件事是不是得办了？”那语气是商量，神态还面带微笑，这在我们武林就是指示了，就必须要马上落实了。

从生活阅历工作经验来说老武是游刃有余，真就像中年妇女的评价那样，武哥确实是个比较居家过日子的好男人，他热爱生活，也懂得生活。我们这个年龄的人，整天就像忙得吃不上饭，睡不上觉似的，其实都是瞎忙活。武哥就不是这样，孝敬父母他是一丝不苟，星期天节假日回家团聚，老人的生日和重要纪念日，他不但都熟记于心，而且还张罗得井井有条。他给父母打电话，那是很正经的，绝对不苟言笑。老北京的那些礼数讲究，他知道的多。在我看来，他不但传统文化知识广泛，而且传统文化观念也深植于心。武哥很知道关心人，我一个人在北京，过节了，有个头疼脑热的，人家还真有个当哥的样，帮你安排安排，帮你提个醒呀，让你觉得热乎乎的。有时遇到点什么不愉快，我就想发点火，可要是当你看见武哥那不温不火的神态，不紧不慢的语速，也让我的心平静了好些。

手机尾号 5186

千万别学我，吃樱桃吃多了，晚上和厕所亲密接触了。真让你说着了，不贵，20 元一斤，在里面吃了 2 斤，拿出来半斤，不过我觉得值。

手机尾号 5194

一会路过你们楼下，准备瓶可乐扔下来，要带冰的！

手机尾号 5102

你们俩个可以在妇产医院支摊儿了，就放 B 超室门口，肯定火！

我有个朋友叫“博士”

熟悉我们节目的朋友都知道，在2009年最开始的时候，每个周末会有一个汽车深度保养的专家来到直播间，和您一起说爱车怎么可以保养得更年轻。也许您不记得他的真名，但肯定能说出他的雅号“郭博士”。在节目里起个绰号是服务热线一直的老传统，熟悉的“段小样儿”又胖了，“霍没本儿”一直在考驾照，“张捷达”又钓鱼去了，但是对于一个新嘉宾，怎样拉近他和大家的距离，雅号就是个最好的工具。修车的师傅能是博士？我的心里也有这样的疑问，摩圣公司的郭凤伟专家还真是一位地道的博士，后来在聊天中，我知道了郭博士是早年留苏的博士，学的是高能物理，对于我们学文的主持人来说，那就是天书。

起初在直播的时候，老郭介绍他的摩圣产品，很多听众和网友说，又来一个骗钱的。说心里话真不想给您留下这样的印象。我就先下个海，帮您尝尝先吧，我们的听众都知道，我开的是一辆15年的老桑塔纳，行驶的里程表都转了好几圈了，要说这人老了，什么毛病都来了，我去年大修了一回，之后就感觉发动机的噪音有点大，既然节目里老说发动机凝胶能缓解机器的老化，咱就试试。真金不怕火炼，假招子上不了台面，抱着尝试的心态我来了3支，加完了我还问郭博士不会有问题吧。人家老郭说让我放一百个心。我就琢磨着，要是真有问题就让你按新车价收了我的老爷车。大概在500公里之后感觉到了变化，噪音小了，机器运行也稳定了。看来郭博士没有骗人，我的试验就这样，之后的节目里大家也把反馈的信息和郭博士交流，从而为郭博士改进产品提供了一手的信息。

要说还是和大伙最亲近，我得想办法为广大车友谋福利啊。有一次直播，我玩笑地说，商场买化妆品都有试用装，博士也来一个？其实就是将他一车，说实话摩圣产品也挺贵，商家最小心眼儿了，能送免费的午餐？没想到郭博

士在半月之后和我玩真的了，7 月的一天，在 1039 汽服基地张建那里搞了一次活动，真的让大家免费体验摩圣产品，后来才知道那天去了 800 多辆车，从早上 7 点到晚上 7 点，东四环堵车严重，人家劲松交通队头都大了，说下回可不能这样了。张建也说快疯了，基地从来就没来过这么多的车，其实产品到底好不好还要市场来检验，起码郭博士带了个好头。

博士都应该是不苟言笑的，而老郭是个相当风趣的人，4 月的上海我们一同直播车展，有了更多的机会了解郭博士。他很热爱生活，更酷爱旅游，每每谈到他的家乡内蒙，他就像个孩子一样欢迎我们。我曾 4 次穿越内蒙，照了几千张照片，于是我们在外滩边上吃着上海菜侃着内蒙的好吃的、好玩的，我说的地方有的郭博士没去过，他还说要请客让我们同游，其实那样的机会是多难得啊。您也知道我们服务热线是没有假期的，不为别的就是能每天陪着大家，这话可不是虚伪，我们仨一直是这么做的。

郭博士现在还在做着市场调研，争取让大家把自己的爱车保养得更好，当然是在少花钱的基础上。我也在想，下回出个什么主意让他再送点心意那，大家就等着瞧吧。

2880： 你们刚才说车展，我马上给我女朋友打电话，说亲爱的我带你去看车展！谁想到后来你们又说是上海的，完了，我怎么跟我女朋友解释！

王为： 是啊，太远了，人家可能不去了！

林贺： 没事，你可以给你上海的女朋友打电话。

王为： 哎这也是个办法。

武林王老是"三缺一"

要是打麻将，我们仨个肯定凑不上一桌。其实我们仨有时也忙里偷闲地在一起休闲一下，什么游泳、健身，总的来说是计划多行动少。有时也小聚慢酌侃上一番，说到吃，首先我是一特能吃的人，然后再讲爱不爱吃，老武是认准想吃的东西吃起来没够，他不想吃的一口都不动，王为老说要减肥，所以我们在吃的方面还是各具特点的。一般我都属于战斗力特强的那种，老武属于抿两口，王为赶上可吃的就吃。我们有时候也会去品味北京特好吃的东西，那回我们在节目里说吃春饼的事，大家说春饼应该自己在家做，有听众发的短信说有地儿吃春饼特过瘾，那天下了节目我们仨就去朝阳公园那的春饼店，吃得那叫一个香啊。事后在节目里给大家推荐了，反映确实不错。对于美食来说每个人都没有拒绝的理由。在服务热线这个节目中涵盖了一大块跟美食有关的内容，你说这不把吃又和节目给联系上了？

上节目的时候，人家听众说要去怀柔玩耍，说得我们也心里痒痒，下了节目，抬头看天，有感觉就出发，往山里一走，这心情立马舒畅。当然这样的机会不是很多，我很珍惜。

我们仨中的某个人出差或者出去休假回来以后，云山雾罩的能讲个两三天，照片也是反复地看。这些东西一方面增进了我们之间的情感，对丰富节目内容也有很大的帮助，把经历的感触和体会，作为一种资源与同伴分享，说不定哪天上节目还能用到呢。

我们三个有一个共同的愿望，在可能的情况下多去外边走一走，最好是一起出去，纵情山水间，把酒临风地侃，那肯定是一台好戏。

2242： 我在医院的病床上听你们节目，3点我就要进手术室了，肾结石。

王为： 要勇敢，千万别害怕，这个肾结石应该不是全麻吧？

武军： 我还真不知道，我连小手术都没做过。但是现在好像宣传的无痛结石什么的不动手术的方案挺多的，这个手术应该不会影响太大，不用打麻药了，开着收音机就行了。

每年每天、服务不变

很多听众听《1039交通服务热线》已经七八年了，我相信有的出租车司机更是一期没落，在这里要感谢大家的关注、支持和帮助。

一个工厂要发展，必须要有不断创新的产品。但是对于节目来说，还应该保持一定的风格和传统，现在我们就面临一个继承传统，发扬传承的问题。我一直在问自己，大家最爱听什么？也许是题外话，也许是修车，也许是指路，也许就是单纯的喜欢听。其实这背后蕴涵着一个巨大的背景，那就是生活，我们的有车生活。

在今后的节目中，我们会加强服务的精度。很多听众相信交通广播，在有需要帮助的时候第一个就会想到我们的节目。因为交通广播的节目多数是直播，能够有比较快的反映速度，但是你服务的内容是否准确，是不是能提供最准确的信息给大家，这需要主持人有很丰富的积累。听众已经不满足单纯的路况信息了，像天气、旅游、航班、路线等等，这就需要我们掌握各行各业的最新进展，也就能在节目里准确的传达。这些准备工作只能在节目之外进行，正所谓功夫在室外吧。其实我们特别想设立一个经常性和大家畅所欲言的地方，听听大伙都怎么说，也好在节目里更准确地传达您的声音。

有人说直播节目每天就像考试，我感觉考试的时间有点短暂，一期进行的很快，所以我们要在节目中体现更广泛的涉猎，增加节目的广度。我们服务的对象不光是司机了，所有开车的、坐车的、走路的，所有参与交通出行的人，都是我们节目服务的目的地。要有大家的视角，才能有更真切的体会，所以我们在今后应该更多地体验各种交通方式的变换，寻找其间的方便和不方便，在节目里聊聊，也能更多地和所有人对话。光说不练是假把势，现在我们仨都开车，是不是以后有空多乘坐公交地铁，没事也使劲蹬自行车，把交通生活里更真切的体会拿到节目里来。想像一下骑自行车逛胡同的感觉，真的是很美。我们更要在节目里提供多元化的其他咨询。随着生活水平的提高，私家车已经不再是财富的象征，有了车就得走，到处转转，做节目的过程中我体会到，大家想去的地方太多了，不光是北京周边，还有全国各地。我们主持人不可能每个都去，这就需要广泛的涉猎，平常身边朋友的经历就是我们最好的资源，把中间的信息经过提纯放到节目里说说，您的问题我们关注，正说明我们的态度。

要做一个关于车的节目，一个关系大家生活的节目，自己必须得懂车会生活，不求全懂，一半精通一半思考也行。您买车的时候涉及；是买新的买旧的，买市场上的还是朋友手里的，这里面有学问。您修车也涉及；是去4S店还是家门口的，是去汽配城还是专修厂，这里面有门道。我们希望大家在直播的时候和主持人交流能更细致的提出您的要求，我们服务起来才能更准确，虽然不能手把手的帮您，起码能给您点招数。生活上的事，老武和王为比我有经验，其实这是个用心积累的过程，做个有心人，会很快乐的。北京现在的机动车有400万辆，发展速度可能还会加快，关乎汽车生活的方方面面都是我们关注的对象，其实您在节目上提出的各种疑问就是我们节目下求证的课题，做节目不光是主持人的事，实际是我们和您互动的过程。我们仨也会享受这其间的快乐。

手机尾号0256

问您个个人问题，俺媳妇刚26就提前更年期了，尤其俺开车的时候。帮俺劝劝吧。

手机尾号6789

还记得我么？我是下地库遛车那哥们儿。我媳妇在产房里催生呢，5月3号预产期，今天还没动静，我女儿小名叫小强，确实挺强！

花絮

2204：林贺，你果然长的很德国。

王为：不知道表扬你还是批评你。

林贺：你看我后背还有一个奔驰的标呢。

1795：这俩都是现代专家，有当代专家吗？

王为：没有《当代》专家，有《啄木鸟》专家。

6210：现在还有给孩子名字当中加字母的，我们学校有一个学生叫董加A。

武军：这可能来源于个性化车牌的启示。

1196：贺来了，为子也来了，凯美瑞有点不给劲，雅阁是我的梦中情人。听说最近有人想吃炸酱面，哥们儿手头宽裕特别想请人吃饭。

王为：这样的朋友认识的不多呀。

1635：老武，你看看现在这大学生，上学居然都带着驾驶本，到哪都开车，我们那时候连自行车都没有，到哪都腿着，让我那羡慕。

武军：我们那时候都离家特别近，上学去，中午饭都回家吃。

王为：记得我那时候离家就特近，在西城，我有一个同学家在亚运村近乎于现在的五洲大酒店那边，我说你可真远，穿越了朝阳区、海淀区到西城区上学。有一次上学，那个时候跟我一样比较淘，一来，老师说作业呢？没带。回去取去！那孩子背着书包就走了，等到下午放学的时候说，老师我取回来了。

武军：外头玩儿一天回来了，真好。

2066：烦啊，想打架，你们能参与一下吗？

武军：天太热，您别打架啊，不行的话您去友福，看看他们能不能帮您。

王为：还有一位朋友是9121，首先要祝你们幸福，因为你们幸福才会想着要孩子。他说哥哥我都30来岁了，最近打算在家造小人，打算跟你嫂子做检查，有必要吗？这个可以呀，定期的做一个身体检查对人体是有好处的，而且最近一段时间要孩子，是不是最近一直没要上还是什么情况？

林贺：你不开个方子？

王为：我得先号脉才能知道。

林贺：我们发现听众朋友很多人的耳朵都很尖，形容得都非常的贴切。

3874：为子，今天是不是大水缸里做直播呢，深不深，别爬不上来。

0508：刚打开收音机，今天哪播呢？怎么跟澡堂子里似的。

王为：对，我一边做足底一边做节目。

9769：现在中国有没有两厢的捷达或者两厢的桑塔纳？我准备来一个，哪有卖的？

嘉宾：宝来在美国就叫捷达，你要是想找两厢捷达就是两厢的宝来。

林贺：因为03年的时候我在闽庄有一个修理厂看到过从国外带回来的一辆车，就是宝来，但是上面写着就是捷达。

王为：所以依此类推你就知道两厢桑塔纳是什么了吧？

林贺：就是高尔嘛。

王为：YES！

7766：感谢中国男足，因为他们的存在，我哥请了我3次汉拿山了。

林贺：以后这赌兄弟们别打了。

王为：原来邀请国外的某超级联赛的某某队，咱们主场跟人家踢平，或者小胜人家，都是人家让咱们。

林贺：以后可以赌一些小范围小阶段的。

王为：对，比如赌这次是输一个还是输俩，这样还可以。

5856：为子，各位专家，这个周六我就要上红地毯了，能给个祝福不？挺喜欢咱们的节目。

林贺：为子有经验，说说。

王为：我没走过！

林贺：你应该参加过婚礼吧？

王为：给人主持是吧，是个挺高兴的事，哭的时候希望哭得开心，无论是男方还是女方只要结婚都哭，不知道为什么？

0620：林贺，要是给你1000万，你就得找这个女的，这个女的还特难看，干么？

林贺：干呀。

王为：感情是无价的，如果1000万能够买到真感情这事就干了，如果没有真感情这事就算了。

林贺：别介呀。

9945：王哥，打听个地儿，北京哪座山上上去之后可以俯瞰北京全景？

林贺：按照今天这个能见度在西山还是有一定的问题。

嘉宾：走门头沟，盘山出去，几个拐弯上去就到了，一定要上去，如果能爬上去可以看到大约全北京的70%左右。

林贺：可以在中央电视塔，还有国际饭店，顶层的旋转餐厅也可以看到，起码二环里三环里，四环里都可以看到，两个小时转一圈，里面还有望远镜，基本上都可以看。

王为： 为什么你们从来不提到去景山呢？

林贺： 43 米看啥呀？

0190： 专家，我的思迪是高配，最高的那种，买了快两年了，空调里面开始吹出一股臭味，4S 店说滤芯的问题。

嘉宾： 随着行驶里程的增加，开空调的时候有一定的异味也是很正常的，可以做免拆的清洗或者拆洗，然后把空调滤芯再更换清洗一下，这个问题应该可以解决。

林贺： 有往滤芯上洒花露水的吗？

嘉宾： 应该不可以。

王为： 香水可以吧？

嘉宾： 可以洒一点，洒太多了不行。

林贺： 回家你媳妇说，今天哪儿野去了？

王为： 可以喷媳妇最喜欢的那款不就行了吗？

林贺： 那媳妇又说了，你一年才给我买一瓶，一个月就往车里洒一瓶，不是找抽吗！

4602： 友情提示，小心天通苑这边有摄影爱好者，我上午就差点被摄影爱好者拿下。

林贺： 他使的是长枪还是短炮？

王为： 不管怎么样，这肯定拿钱换照片，200 一张呢。

林贺： 不一样，分主路和次干道。

嘉宾： 也有 100 的。

王为： 昨天跟老武一块上节目，有一个朋友发短信说："我可冤了，我昨天从家里一出来正好赶上一个红灯，我一眨眼没停就直接过去了，一下就 200，我到哪说理去？"您确实违法了，还说什么理啊！

王为： 我们在这儿也要谢谢 1912，看着短信我也分不出来他是男孩还是女孩，他说我是娃娃，最近迷上了十字绣，打算给为子、林贺你们几个每个人绣一个床单然后再绣一个窗帘。

林贺： 真好，有手艺走天下，还是给为子那辆大客车绣绣座套吧，金龙的，50多座。

王为： 不好吧，万一人家绣好了，拿过来说一共8000多，给吗？

6329： 上星期我把表姐没开半年的新车给撞了，换了前杠、机器盖子、水箱、双气囊，表姐挺心疼的，也没说什么。我心里过意不去，我想把这个车弄一个二手车的过户，然后把差价补给表姐。

武军： 就算他的赔偿，让邹磊估计一下。

嘉宾： 亲戚关系的话索性你给他买过来。

武军： 原价买？

嘉宾： 新车大概13万多，我认为11万或者12万应该把车接过来。

王为： 然后表姐说了，孩子，我再买一个，你再撞一下。

1330： 八代雅阁20万（不含税）以内能买到自动档的最高级别的是哪款车呢？

嘉宾： 其实2.0的这款舒适版的主导价格是19.98万，咱们店里有一些送保险包括送装饰的活动，现在买的话还是非常合适的。

王为： 嗯，早期，就是特别早的时候，那时候想买车很不容易的，比如说80年代中后期桑塔纳什么的卖得可火了，那个时候你没的挑，能有一辆车就不错了，那时候也不叫4S店，管销售的可轻松了，买车的人都得求着他。

武军： 我以为你会说管销售的可有钱了呢。

王为： 而且那个时候也有促销，不会送个保险送个装饰，那时候没有，那时候是送个手机，送个电脑。

武军： 你80年代就开始逛车市了？太有钱了。

1415： 哥们儿今儿倒大霉了，早晨一出门发现我的车右侧从头到尾划了深深的一道，不知道现在这人怎么想的。

2027： 跟那哥们儿说知足吧，这还没给他车上写字呢，我就赶上过，写的是：你猜我是谁。

武军：我有一个朋友的车也是，估计是两个在校的学生，一个是一年级的，他的切诺机是4X4的，第一个写的是=8，在这个上边画了一个X，写了一个等于16，一个加法一个乘法。

王为：要是我再还写一个：已阅。

武军：老师。

武军：出的答案是L、V、B、W，让专家说一下正确答案？

嘉宾：应该是W型的发动机。

5677：我选X型的，那是我腿型。

王为：好身材。

王为：这两天做直播的时候我们一直怕，因为观看的人挺多，大家都非常的辛苦。

林贺：今天来的朋友可能抓住了商家的心理，整个车展结束之前很多都有礼物送出，说不定还能捞着点实惠。

王为：没准奔驰9折。

林贺：9折？

王为：难道7折了？

8118：昨天去友福小营店免费点了一些车漆，店员的服务态度真好。

林贺：您这是表扬他？待会儿杨总回去该说他了，这漆这么贵，免费给他点！

王为：真不会过日子。

嘉宾：这是他们说的啊？

林贺：刚才一个朋友发来短信，说我开这个车就是一个贱皮子，我一开就搁外头，我老丈人开就没事，这是咱们万车网上的网友。

王为：有的车这个人开习惯了，或者他的那种开车的方式这个车很对脾气，你再用原来的方式开车可能不对脾气。

林贺： 这是技术方面，另外一个方面呢？

王为： 人品。

林贺： 也不一定，赶寸了，孝敬老人的好方法。

6723： 胖总说话很像是港台明星嘛！

王为： 您是说需要加字幕吗？

武军： 我发现杨总说话的时候老像打快板，胖总说话的时候老像弹吉他。

王为： 你是说胖总乱弹琴？

5895： 为子，我植树节那天去了北京人民广播电台，你1：30分吃饭是吧？我去的时候正赶上你们食堂给你送饭，点了你的名，我一看这一摞是王为的，我当时看了一眼竟然有8盒盒饭。

王为： 不，我是以我的名义给同事定的饭，1：30分都已经直播了嘛，肯定没有时间。

嘉宾： 其实是给女朋友定的。

嘉宾： 给大家出一个遥控方面的题，上海大众原厂装备的遥控开启车门的遥控器，这个遥控开启车门以后多少秒之内不开启车门，车门门锁会自动上锁？一个是30秒，一个是60秒，一个是120秒。

王为： 我选248的。

武军： 那我选512的。

7747： 我媳妇怀孕了，现在正在进行胎教，我让她听你们的节目，胎儿一听你们节目就特兴奋。完了，估计长大跟我一样，只会开车。

武军： 您为什么不想想将来捧一个金话筒回来呢？

2218： 杨专家你好，我去了一家店做凹陷的修复，但是这些人不让我看，我看不着我就担心着急，不知道怎么回事，这是为什么？友福是不是就这样修复凹陷的呢?

武军: 在友福不存在不让大家看的事情。

王为: 允许围观。

嘉宾: 甚至都可以偷偷学艺。

武军: 反正两年时间以上。

8332: 我一边听你们修车一边打麻将,玩了一个来钟头了,尽给人点炮了,郁闷死了。

王为: 这就说明干什么事都得聚精会神。

林贺: 刚才在节目最开始的时候有一位热心的朋友发来一个短信。

王为: 他说,专家出完题以后我跟林贺我们俩一人出一个,我们俩谁错了,赢的那个人弹错的那个人一个脑门,那样的话听你们忽悠错了,心里才会安生。

林贺: 不至于,如果出3个答案咱们俩都没答对弹谁去?

王为: 咱们俩弹专家。

0356: 你们别跟人家说去哪儿玩,到野三坡来吧,我们这儿有蹦极,如果带着女朋友来,可以免费女性,双人跳,多好啊。

林贺: 王为都跳下去了,我从来不敢,比如过山车、海盗船、空中转,我都不敢。倒也不是恐高,人家说我惜命。

王为: 不是这样,当你人生观、价值观越来越成熟的时候,当你长大的时候,你的胆子就会越来越小。为什么孩子他什么都敢,比如说他不知道那个是刀,他就去摸,摸完了以后就有事。大人胆小,孩子没事。

林贺: 哪天说,爸爸爸爸电门怎么开啊?

王为: 我小时候真摸过电门,原来的那些都是我爸自己接的,电线两根然后拿绝缘的黑胶布粘,时间久了胶布就没黏性了,就松,然后它正好在我们家窗台底下,窗台底下都是暖气,一试水就漏水,掉水,都掉那上头了,一下冒一股白烟,我们家就没电了,从那以后我就对电门非常感兴趣。后来我爸说,多亏你小时候胖,否则的话基本上就完蛋了。

林贺：我以为直接一秒钟你就去魔法学校了呢。

1214：为子老武你们好，今天我一打开电脑，就收到一封邮件，说我中了一个大汽车，是真的吗？让我填写一个大表格，还是英文填写。

王为：看来这位朋友英文底子还不错。

武军：不要理会他。有，不光是中汽车，还有中其他东西的，而且都是英文类的表格，有很多邮件发放电子邮件的地址也是境外的，还有很多打过电话去会用一口特别流利的外文跟你交谈，让人一听可靠度特别高，一旦你进入这个程序之后，你在丢失了若干钱财之后你再报警为时已晚，注意。

王为：你可以把这个邮件转发给我，填一下老武的名字，试一下。

6119：花冠车想换桃木内饰，都换的话需要定做吗？需要多少钱？

嘉宾：一般比较少人会制作这个，价格也不便宜，两千到三千多左右。不像以前的桃木贴，这个来讲是属于已经被淘汰的工艺了。

林贺：我估计八年十年可能也有个性化的车内饰，比如跟现在的手机壳一样，一买就买10套。

嘉宾：现在就有。

林贺：我怎么老逮不着商机呢？

2540：为子，我老婆说了，专家说话还是非常温柔的，绝对是一个好男人，要嫁人就得嫁这样的。我们不等速腾，我们就等两厢宝来了。

嘉宾：必须得确定是王杨还是我。

王为：如果是邵青就来不及了，王杨就看你表现了。

林贺：今天开始你就按月在工资里提出五百提出一千，攒着，人家什么时候去，把工资都献出来，打一个折。

嘉宾：那我不久的将来就是人见人爱。

9300： 我是一个的哥，小弟弟们，祝福我一下吧，咱们闺女下午考英语，这可是要出人才的哦。

林贺： 您家地址在哪？到时候送信，报……

王为： 皇上召见！希望她能够考好。

6734： 我的车前几天开一会儿就会闻到一股焦煳味，打开机器盖子就会发现机舱里竟然有半只烧鸡，这是怎么进去的呢？

林贺： 给你讲个故事，很久以前一只鸡跑到你的机舱盖里，后来老鼠也进去了，你一开车把鸡烤熟了就变成烧鸡了，老鼠吃完半只鸡就交女朋友去了，后来你一打开机箱盖子就发现了……

2825： 林贺，老婆从怀孕一直到现在坐月子天天听你们的节目，前些天给我生了一个儿子，非常的开心。

王为： 希望你能够在忙碌的同时也多把一些爱送给你的爱人和你的孩子。

武军： 不过要提醒你们的是，林贺的贺不是这个鹤，是恭贺新禧的贺，而且我也不是林贺，我是老武。

5520： 谁说年轻人不能开斯柯达，我就开蓝精灵。

嘉宾： 对，斯柯达一共有8款颜色。

1635： 你年轻吗？真会往自己脸上贴金。

王为： 1635你说的准确性达到了120%，他说贺你最少比为子大5岁，他四张了，你四张半。

9220： 我正在机场趴活呢，晒得不行了。

林贺： 我记得以前提过，那边有租大伞的，报摊支的大伞专门有放在车上的，今年不出摊了吗？

王为： 看来是查得比较紧。

林贺： 是你撤资了吧？

王为： 对。

2929：为子，你们做的大宝一家亲如果搞成动漫的话我肯定会更加喜欢的。

王为： 这个没问题，但是成本相对比较高，投资问题，反正我们这儿的老板肯定卖血都不会干这个事，因为动漫跟 flash 不一样，动漫需要真人一格一格去画的，一分钟平均下来也要六千到九千块钱，一集广播剧改成动画片的话您算算一集得多少钱？

林贺： 人家不是那个意思，套上小漫画的衣服，动起来了，动漫嘛，慢慢动。

0528：为子，好愁，我小孩刚过满月，已经换了好几种品牌的奶粉了，比如某种品牌孩子吃了以后肚胀，而且每次就一次便便，而且上火，换哪种？

王为： 我哪知道。

武军： 我也不知道。

嘉宾： 这个问题真的不好回答，小孩这个问题吃奶粉的话咨询一下专家比较合适。

王为： 或者说我相信院里、街坊有小孩的。

武军： 或者问问同事那会儿吃的都是什么，还是应该看一看，看看是不是孩子自身体内有某种东西影响他的进食。

王为： 问我的话我肯定说糕干粉还不错。

3044：我一哥们儿刚离婚，晚上组织麻局了，这不跟抢钱一样吗？

林贺： 剩下的 3 个人是应该的，谁让你们是朋友呢，陪他才是真陪，钱都是小事，别拿钱说事。

王为： 况且我跟你说，离婚的人他的心里就乱成一团麻了，这个时候指不定谁抢谁的呢。

1333： 为，贺，我就住新国展外面，我们小区停车费不高，明天你们来，把车停我这儿，可以给你们省5块钱。

王为： 是一个好方法。

林贺： 但是您中午管饭吗？您要做就做点炸酱面带卤的。

7316： 有一个朋友托我老公找人问事，我老公先送了两条烟，但是这事没办成。跟那边人说了，把烟钱给我，那边的人肯定不给，你说我们冤不冤。

武军： 本身你们的做法有点欠妥，说实话两条烟哪能解决问题？

王为： 其次托的人也不行。

武军： 应该找咱们家亲戚。

4111： 为子，终于看到你们了，非常的激动，我脚都快站到腿上去了，怎么还不念？

嘉宾： 这应该属于技术动作，属于拿大鼎的动作。

9160： 我的车到240的时候就开不上去了，是有限速吗？

王为： 您开240，您在什么路上能跑到240？

武军： 胡同里，那没有测速的。

王为： 别赶上有人开门。

0611： 昨天晚上我做了一个梦，梦到了我的梦中情人。梦中情人给我留了一个电话号码，现在我还记得特别清楚是什么号，为子你说我给她打吗？

武军： 打，只要接电话的对方不是男的就可以问问。

王为： 但是我觉得这个可信度不高，当做一个游戏，当做一个圆梦的方式就可以了。

武军： 可能是平时想得太多了就转化到梦中了。

王为： 跟老武似的，老武做梦就梦到双色球的号，真买了，真不中啊。

武军： 不是，我梦见人家打电话通知我得奖了。

王为：先给一位朋友解解心烦。

2238：今天哥们可郁闷了，今天我在南四环碰见一个姐姐开捷达，车号京EL的，她的右后胎亏气瘪着呢，我就提醒她，她张嘴就骂我，给我气得，不行不行的！

武军：这人真够不开面的。

王为：我怀疑可能是您提醒人家的语气是不对的，2238，有可能吧？

武军：他怎么提醒？

王为：——哎，姐姐你的胎瘪了！

武军：——臭流氓碍你什么事！

4089：我就在你们旁边，就在秀水街。

王为：你说他是在那逛呢还是摊上呢，还是送货提货？

武军：肯定是卖货的，咱们邻居，你们上班我也没闲着。

王为：几号摊位？

武军：他肯定不告诉咱们，去了之后还不白拿，邻居嘛。

3083：看见视频了真好，邹专家是不是有点紧张，脖子粗嘴大。

王为：邹专家紧张好几天了，一上节目就紧张，一下节目就不紧张，脖子粗嘴大说的是谁？

武军：说的是林贺，谁不在咱们说谁。

8633：好像不管对方父母抽不抽烟有没有糖尿病这些东西都得拿，烟酒糖茶这些，因为我现在正在去见对方父母的路上，很紧张。

武军：没事，听听我们广播发的短信，放松一下紧张的心情。

王为：兄弟，您选择这个时间去不太好，比如上午顶着朝阳去了，吃一顿饭挺好的，下午人家家人可能睡个午觉之类的。

武军：他可能别有心思，来，刚吃完饭咱们4个人搓一圈。

王为：是赢还是输？

武军：头一次当然得输了，哪能赢啊！

7656：孩子明天考物理考语文，现在正疯狂的复习呢。

王为：孩子真是太苦了。

林贺：更苦的还是家长。

王为：都不容易，那天我居然在上班的路上看到一个孩子拖着一个底下带轮的箱子就走了，怎么回事，这么大就出走了。

林贺：她可能是为了减负，拖着书就不用背着了。

王为：原来咱们上学的书桌，正好书包能够塞进去，你说箱子怎么塞？

林贺：可能她是学习委员，帮助老师批作业。小时候没干这活吧？

王为：没干过，小时候罚站都是我替别人站的。

0907：哥们儿今儿中奖了，从复兴门到建国门一个灯都没拉下，要是买彩票肯定中大奖。

王为：红绿灯的意义就在于此。

9657：为子，我是上次节目里说买指挥官那个，今天提车了，特别高兴，现在正在回家接老婆的路上，堵啊，不过回头率很高，这车开起来很男人。

王为：确实特别男人，您要是想再男人一点咱俩的车换着开开，我的车油耗很男人。

1985：我们家男佣超爱你们节目，天天等着1点半，每次到有奖问答的时候拖着手机狂发，什么时候能中，没个头，我真担心他的手机，你们什么时候看到133……668的一定要加小心。

王为：行。